BIBLIOTHÈQUE

DE LA SCIENCE PITTORESQUE

LES GRANDS PHÉNOMÈNES

ABBEVILLE. — IMP. BRIEZ, C. PAILLART ET RETAUX.

LES GRANDS
PHÉNOMÈNES

PAR

HONORÉ BENOIST

—

OUVRAGE ILLUSTRÉ DE 35 GRAVURES

P. BRUNET, ÉDITEUR

PARIS
LIBRAIRIE D'ÉDUCATION
GÉRANT : AMABLE RIGAUD, ÉDITEUR

33, QUAI DES AUGUSTINS, 33

LES
GRANDS PHÉNOMÈNES .

LA CROUTE TERRESTRE. — LES MERS. — L'ATMOSPHÈRE. —
LE CIEL.

I

La croûte terrestre

Pas plus sûrement que nous, la science ne pourra vous apprendre positivement ce qu'était notre globe il y a quelques milliers de siècles ; elle en est, comme nous, réduite encore à des suppositions, à des hypothèses plus ou moins rationnelles. L'opinion la plus généralement accréditée, c'est que la Terre aurait été primitivement un globe de feu.

Ce globe de feu se serait peu à peu refroidi à la surface, qui se serait éteinte à la longue. Sous cette première couche se seraient tour à tour refroidies, puis éteintes, d'autres couches, et la croûte terrestre aurait acquis aujourd'hui une épaisseur d'une vingtaine de lieues.

Si cette opinion est la meilleure, le centre de la Terre ne serait qu'une immense fournaise, qui dégagerait d'énormes quantités de gaz.

Vous n'en êtes plus à ignorer la puissance des gaz :

c'est le gaz connu sous le nom de *vapeur d'eau* qui imprime le mouvement aux locomotives, aux machines à vapeur de toute sorte, c'est le gaz provenant de l'inflammation de la poudre qui chasse du fusil ou du canon la balle ou le boulet, fend les rochers dans les carrières et fait sauter les poudrières.

C'est donc à la force d'expansion des gaz constamment produits par les matières enflammées du centre de la terre que seraient dus les bouleversements successifs qui, soulevant des collines, des montagnes, boursouflant la croûte terrestre, ont à la longue séparé les matières liquides des matières solides et formé les continents, les îles, les mers et les lacs.

Les volcans ne seraient ainsi que de vastes soupiraux par où s'échappent naturellement les gaz souterrains, et destinés à diminuer la fréquence des tremblements de terre. Les Grecs, qui plaçaient leur ciel au sommet du mont Olympe, avaient naturellement songé à placer leur enfer au centre de la Terre, et, suivant eux, les volcans en étaient les portes. Mais les Grecs parlaient avec la naïveté des gens qui n'ont fait que quelques pas encore dans le domaine si vaste de la science. Dans leur ignorance des causes naturelles qui produisent tel ou tel phénomène, ils se hâtaient de lui attribuer une cause surnaturelle.

Malgré les progrès considérables qu'a faits la science, nous sommes bien loin d'en connaître tous les secrets. L'hypothèse doit encore longtemps nous tenir lieu de certitude, et ce n'est que petit à petit que les vérités nous sont clairement démontrées et peuvent être admises comme axiomes.

Les mers et les continents une fois formés, l'apparition des sources, des rivières, et des fleuves s'explique facilement. Sous l'influence de la chaleur solaire, les eaux de la mer et des lacs ont émis de la vapeur. Cette vapeur, condensée par le froid dans les régions supérieures de l'atmosphère, chassée par les vents au-dessus des continents, est retombée en pluie sur le sol aride, l'arrosant à des profondeurs plus ou moins grandes, jusqu'à ce que, arrêtée par des couches solides, elle dût se frayer un passage souterrain pour jaillir en source au pied des montagnes, au fond des vallées, ou même au milieu de plaines, suivant la proclivité des couches terrestres.

Les grottes, les cavernes et les ponts naturels sont dus soit aux bouleversements souterrains qui, soulevant d'énormes blocs de rochers, les ont arc-boutés par leurs sommets, et ont produit des vides plus ou moins considérables à ciel découvert ou à diverses profondeurs, soit au passage des eaux de pluie, qui se sont petit à petit creusé des lits profonds au sein de la terre en entraînant avec elles les matières solubles ou bien en rongeant peu à peu les pierres, les rochers ou les terrains rencontrés.

Nous vous dirons plus loin les effets produits par la filtration des eaux à travers les couches calcaires.

Suivant les chemins parcourus et les milieux traversés, ces eaux jaillissent froides ou chaudes, douces ou saturées de sels et de gaz. On distingue donc les sources *ordinaires froides*, les sources *thermales*, les sources *minérales* et les sources *gazeuses*.

Dans l'immense travail de la nature, les éléments peuvent changer de forme : certains gaz, soumis à une pression suffisante, se convertissent en une matière solide. On trouve, au pied des plus hautes montagnes du globe, telles que la chaîne de l'Himalaya, en Asie; la Cordillière des Andes, en Amérique; le Caucase, entre l'Europe et l'Asie, à des profondeurs plus ou moins grandes, ou dans les cours d'eau qui y prennent leur source, des pierres précieuses de différentes couleurs et d'une eau plus ou moins belle.

La plus estimée de toutes est le diamant, qu'on a reconnu être du carbone pur.

Comment s'est-il formé au sein de la terre ?

L'hypothèse la plus rationnelle est que, sous l'influence de la chaleur centrale, les vastes houillères ensevelies sous d'énormes couches de terrains variés, auraient dégagé de l'acide carbonique, qui se serait à la longue dépouillé de son oxigène au profit de matières plus facilement assimilables. Resté libre, mais à l'état gazeux, le carbone aurait pu un jour, par l'effet de puissants soulèvements, subir l'énorme pression nécessaire pour l'amener de l'état gazeux à l'état solide [1], et aurait ainsi constitué le diamant.

Savez-vous que le crayon dont vous vous servez, et que vous nommez mine de plomb, *graphite*, est de même nature que le diamant? Vous êtes-vous demandé ce qui se passe, quelle combinaison s'opère, quand le forgeron trempe dans l'eau froide un feu chauffé à un degré de température très-élevé?

En trempant son fer chaud dans l'eau froide, le forgeron a produit le resserrement subit du fer dilaté et dans les pores duquel s'était introduit du carbone ; le resserrement subit a été assez puissant pour opérer la pression susceptible de réduire le carbone à l'état solide, et le fer devient *acier,* c'est-à-dire un composé de fer et de diamant.

---

[1] On estime cette pression équivalente au poids représenté par 127 atmosphères, c'est-à-dire par 127 colonnes d'eau de 32 pieds de hauteur, comprimant le gaz en tous sens.

II

Les Mers

Beaucoup d'entre vous sans doute ont été appelés à jouir du spectacle grandiose de l'Océan, ou tout au moins de la Méditerranée, moins curieuse à voir, il est vrai, puisqu'elle n'a pas de flux et de reflux, ou que ces deux mouvements ne sont qu'à peine appréciables à l'œil.

On s'habitue à tout : l'homme né sur les côtes sent évidemment tout l'attrait de ce spectacle, mais il ne peut en être ému aussi puissamment que l'homme qui voit l'Océan pour la première fois, à un âge où il peut en apprécier toutes les beautés.

En présence de cette immensité mouvante, dont les aspects varient à l'infini, en entendant ces grandes voix de l'élément liquide constamment en mouvement, à la vue de ces lames blanches se déroulant sur un fond bleu pour venir expirer sur le sable, ou de ces vagues énormes, roulées par la tempête, tordues par l'ouragan, et venant se heurter contre de hautes masses de granit pour rejaillir en vastes nappes d'écume blanche avec des bruits pleins d'une majestueuse horreur, le sentiment s'élève, l'âme grandit et l'on conçoit Dieu.

Les terrains sur lesquels les mers roulent leurs vagues ont sans doute, tour à tour et à différentes fois, été laissés à sec, tandis que d'autres terrains étaient inondés. Sans les digues qui protégent la Hollande contre les envahissements de la mer du Nord, elle serait depuis longtemps submergée. La catastrophe arrivera tôt ou tard.

La configuration du sol sous-marin est donc à peu près identique à la configuration des surfaces continentales ; la mer a ses plaines, ses collines, ses vallées, ses hautes montagnes, dont les sommets s'élèvent parfois au-dessus de la surface des eaux pour former les îles, les récifs, les bancs de sable; ceux-ci paraissent néanmoins avoir été formés pour la plupart par les courants sous-marins qui entraînent des sables mêlés de coquillages, et les accumulent sur un point donné du sol submergé. Le vaste banc de Terre-Neuve n'a pas d'autre origine. Mais nous y reviendrons plus loin en parlant des courants sous-marins.

Vous savez tous le nom de cette substance rouge dont on fait des colliers et des pendants d'oreilles ? C'est du corail que nous voulons parler.

Nos lecteurs ou nos lectrices qui ont fait des voyages d'outre-mer ont peut-être aperçu, à quelque distance du sillage du bateau à vapeur, des bancs de rochers étroits, mais s'étendant parfois à de grandes distances en longueur, recouverts de verdure sur la surface immergée et offrant aux yeux éblouis le spectacle de rivages d'une blancheur éclatante. Ce sont des récifs de corail.

Ces récifs sont produits par d'innombrables animalcules qui se sont réunis pour construire le squelette du rocher dont ils font leur demeure. Les coraux ont la forme de petits sacs d'une substance visqueuse, fermés à une extrémité et ouverts à l'autre. Ils sont armés, comme le poulpe ou l'étoile de mer, de six ou huit tentacules ou bras disposés en forme d'étoiles.

On s'explique difficilement comment ces animalcules, composés d'une substance molle, peuvent arriver, au milieu des vagues, à élever ces masses énormes, susceptibles, à la longue, de former des îles.

Depuis combien de temps des milliards de générations de ces insectes travaillent-ils à élever les récifs de corail aujourd'hui à fleur d'eau? Le polypier du corail ne peut vivre à plus de dix brasses de profondeur. Or certains récifs ont jusqu'à trois cents brasses de hauteur.

C'est que sans doute, comme sur les côtes de la Hollande, la mer monte, monte toujours, submergeant des terrains d'un côté pour en laisser à sec sur d'autres rivages.

Nous ne vous avons pas parlé de la profondeur de la mer, dont la moyenne paraît être de mille à douze cents mètres ; mais en pleine mer, la sonde n'atteint parfois pas le fond à quatre mille mètres.

Or la lumière du jour ne pénètre les masses liquides qu'à des profondeurs beaucoup moindres que la moyenne, et, si tout n'avait pas été prévu dans l'ordre admirable de la nature, le fond des mers resterait enseveli dans une nuit profonde.

Mais là s'élèvent des végétations phosphorescentes, là se meuvent des milliers d'êtres aux écailles lumineuses. Dans la splendeur des nuits étoilées des tropiques, les marins voient parfois la sombre profondeur des eaux s'éclairer ; les vagues semblent rouler des paillettes de feu ; on dirait des milliers d'étoiles s'élançant du fond des mers pour saluer les étoiles qui scintillent dans l'espace infini.

III

L'Atmosphère

Nous voici en présence de cette autre immensité qui contient encore tant de secrets pour nous.

La science a découvert que l'air atmosphérique est composé de deux gaz, d'oxygène et d'azote, dans la proportion d'environ 21 parties du premier gaz et 79 du second, et qu'en outre il se trouve mélangé de quantités variables d'acide carbonique et de vapeur d'eau. Elle parle encore d'une sorte d'essence impondérable, échappant à l'analyse chimique, et la désigne sous le nom d'ozone; l'absence de cette essence ou de ce fluide, qui appartient sans doute à l'électricité, donnerait, suivant quelques médecins, naissance à certaines maladies épidémiques, au choléra, par exemple.

Mais ce n'est là qu'une hypothèse, et l'on ne peut rien affirmer à cet égard.

L'air atmosphérique, en petite quantité, nous paraît complétement incolore, et cependant c'est à lui qu'appartient cette belle teinte bleue que nous appelons habituellement le ciel, et qui tamise pour nous la lumière, afin que nos yeux n'en soient pas incommodés; nos regards peuvent se promener ainsi sans fatigue dans l'espace bleu, ou se reposer sur la verdure des plantes et des arbres, car, dans l'ordre admirable de la nature, tout a été prévu.

Suivant les climats, la teinte bleue de l'atmosphère est plus ou moins foncée ; cela tient-il uniquement à la présence d'une quantité plus ou moins grande de vapeur d'eau ? Peut-être. Dans les régions du nord, le ciel est d'un bleu pâle, terne, triste : et d'ailleurs les gazons et les feuilles des arbres y sont moins verts.

Sous les tropiques, au contraire, l'azur du ciel est foncé, la végétation d'un vert splendide. Moins chargée de vapeur d'eau, l'atmosphère permet à l'œil d'embrasser des horizons plus vastes.

Les lois de la perspective y sont aussi moins variables. On peut d'un regard y mesurer plus facilement les distances, tandis que, dans les pays tempérés, la perspective varie en raison de la pureté de l'air.

Vous avez sans doute remarqué ce qui se passe après une pluie d'orage. L'atmosphère, débarrassée de la vapeur d'eau qu'elle contenait, laisse voir très-distinctement des objets éloignés qui disparaissaient auparavant dans la brume. La pureté de l'air semble les avoir rapprochés de nous, en sorte que nos jugements sur les distances sont incertains.

C'est là sans doute ce qui fausse parfois le jugement de certaines personnes sur la valeur réelle de diverses peintures. Nous les voyons différemment, suivant l'aspect sous lequel nous avons examiné les objets qu'elles représentent. Le même paysage, vu par une personne avant un orage, et vu par une autre après la pluie, leur aura causé une impression différente.

Selon que le peintre l'aura reproduit sur la toile dans l'une de ces deux conditions, il paraîtra vrai pour l'une, tandis que l'autre y cherchera vainement la reproduction fidèle de ce qu'elle a vu : les tons ne sont plus les mêmes ; les lointains sont trop effacés ou ne le sont pas assez ; et, à ses yeux, le mérite du peintre sera moins grand qu'aux yeux de la première.

Mais voilà que nous vous entretenons de peinture au lieu de vous parler des courants atmosphériques.

Les vents peuvent souffler tour à tour dans toutes les directions : aux quatre points cardinaux et dans une infinité de points intermédiaires.

Leur vitesse est plus ou moins grande ; elle varie entre deux et quarante mètres par seconde ; mais quand elle a atteint ce dernier chiffre, il y a ouragan.

La direction, vous le savez, se détermine à l'aide des girouettes ; quant à la vitesse, on la mesure à l'aide

d'un petit moulin à vent, que sans doute vous avez
jusqu'à présent regardé comme un simple jouet d'enfant. Le nombre de tours qu'il fait dans un temps
donné indique la vitesse du vent.

La cause est dans la différence de température qui
existe à un moment donné sur les divers points du
globe. L'air chaud est plus léger que l'air froid, et il
tend à s'élever ; alors, au moment de son déplacement,
l'air froid vient occuper sa place avec une vitesse plus
ou moins grande.

IV

Le Ciel

Si, quittant notre globe, l'œil va chercher dans l'espace, il aperçoit une sorte de dôme qui, le jour, est d'un
bleu pur et, la nuit, d'un bleu sombre, d'une nuance
indéfinissable.

Le jour, un seul astre brille à nos yeux, effaçant tous
les autres: c'est le Soleil.

Quelle en est l'essence ? L'homme le plus savant doit
se borner à des hypothèses. Les uns prétendent que
c'est un corps solide, incandescent, d'autres que c'est
un gaz ; d'autres enfin que c'est la somme de tous les
éléments qui composent notre monde planétaire, et
qu'il doit sa lumière aux grands fluides planétaires
passant tous par son centre.

En plein jour, la Lune montre parfois son disque
pâle à l'un des points opposés de l'horizon où se trouve
le soleil. Si l'on descendait au fond d'un puits profond,
on pourrait même apercevoir les étoiles, mais, en rase
campagne, la lumière intense du soleil projette des

rayons plus lumineux que les astres qui éclairent nos nuits et nous empêche de les apercevoir.

Que sont ces milliers d'étoiles, dont les groupes divers, classés par la science, ont reçu des noms différents et sont appelés constellations.

Parmi elles, on distingue ce qu'on appelle les étoiles fixes, parce que l'aspect qu'elles présentent ne varie jamais. On compte par milliers celles qui sont visibles à l'œil nu ; les puissants télescopes que la science astronomique a aujourd'hui à sa disposition en fait apercevoir des millions, car la voie lactée, vulgairement appelée le *chemin de saint Jacques*, est formée par des groupes, très-rapprochés entre eux, par rapport à nous, d'innombrables étoiles fixes, qui ne sont visibles à l'œil nu que par le nombre et ne le sont pas individuellement.

Or le télescope révèle à la science de curieuses et étonnantes merveilles : toutes ces étoiles brillent d'un éclat différent et offrent aux regards éblouis de l'observateur les nuances les plus variées de l'arc-en-ciel, depuis la nuance la plus pâle jusqu'aux nuances les plus vives et les plus accentuées. Là, c'est l'opale; plus loin, l'émeraude; le bleu d'azur ou d'indigo étincelle près du rubis le plus pur; le rouge feu flamboie près du jaune orange; et le violet se marie aux nuances moins prononcées du vert de mer et du rouge brique.

Pas une étoile qui brille du même éclat et soit d'une nuance identique à la nuance de sa voisine. Partout la variété, comme dans tout ce que produit la nature. Nulle part Dieu n'a voulu la monotonie.

Plus près de nous, roulant dans la sphère assignée à notre monde, des planètes de toutes grandeurs accomplissent leur révolution autour du soleil en un certain nombre de jours ou d'années, suivant leur pro ximité ou leur éloignement de l'astre qui nous éclaire.

Suivant cette proximité ou cet éloignement, leur éclat est plus ou moins vif. Cette belle planète qui, à certaines époques, projette une lumière très-vive, et nous paraît être la plus belle et la plus grande des étoiles, s'appelle Vénus. Mercure, plus rapproché du soleil et moins grand que Vénus, ne nous apparaît guère, quand il devient visible, que sous la forme d'une étoile de moyenne grandeur.

Mars, Jupiter, Saturne, Uranus, plus éloignés du Soleil que la Terre, ne sont guère connus que des astronomes et des savants.

Plusieurs planètes ne voyagent pas seules dans l'espace : la Terre a un satellite, la lune; Saturne possède un anneau et huit satellites; Jupiter, quatre; Uranus huit; et Neptune, un.

D'après les hypothèses rationnelles que l'on peut faire, si l'on examine notre globe, une partie au moins des planètes, principalement les planètes les plus éloignées du soleil, seraient habitées. Nul ne peut évidemment l'affirmer, mais la raison n'a aucun motif pour repousser une hypothèse de ce genre, qui ne fait que confirmer la puissance infinie du créateur.

A des époques indéterminées apparaissent, au milieu des constellations, des astres errants qui s'approchent parfois à de faibles distances relatives de notre globe pour disparaître durant des années et même des siècles. On les appelle *comètes.*

Mais nous parlerons de ces astres dans un chapitre spécial.

PHÉNOMÈNES TERRESTRES

PHÉNOMÈNES TERRESTRES

Les Cavernes

Notre globe, dans ses transformations successives, à éprouvé plusieurs bouleversements qui en ont changé la croûte solide et creusé dans les montagnes des cavités plus ou moins profondes, plus ou moins étendues. On voit de ces vastes ouvertures dans des rochers qui semblent avoir été déchirés en deux par une puissance extraordinaire, tel qu'un tremblement de terre ou quelque mouvement volcanique. La hauteur et l'étendue immense de certaines cavernes ont donné lieu à de brillantes descriptions. On a beaucoup vanté la grotte d'Antiparos, dans l'Archipel grec, dont l'entrée, vue à la lueur des torches, paraît couverte de diamants et de pierres précieuses. En Angleterre, les plus célèbres sont la grotte de Fingal, à Staffa, et la grande caverne, dans le Derbishire. Celle de Cannes, près de Naples, exhale des vapeurs méphitiques.

Mais la plus magnifique et la plus grande caverne d'Europe est connue sous le nom de grotte d'Adelsberg; située en Autriche, elle est à un mille environ du village d'Adelsberg, dans un endroit où la rivière du Poik disparaît sous la base d'un rocher calcaire. Les visiteurs y pénètrent par une ouverture au sommet du rocher. A deux cents mètres environ de l'embouchure, on entend les eaux gronder, et l'on peut voir, à la clarté des torches, la rivière roulant ses flots tumultueux sur un lit d'une effrayante profondeur. On entre alors dans une vaste salle de cent pieds de hauteur et de plus de 200 pieds de longueur, appelée le *Dôme*. La rivière, après avoir disparu sous des amas de rochers, reparaît dans cette salle et se perd ensuite dans les profondeurs de la montagne. Le dôme n'est que le vestibule d'un temple magnifique. Les marches grossières taillées dans le roc sur un des côtés de la salle conduisent au niveau de la rivière, qu'on traverse sur un pont de bois pour gravir ensuite la muraille opposée au moyen de degrés semblables. Alors le visiteur entre dans une partie de la caverne nouvellement découverte, consistant en un rang de chambres de hauteur et de grandeur diverses, mais fort remarquables par la variété, la pureté et la quantité de leurs stalactites. Parfois, s'unissant avec une stalagmite, elles forment une colonne assez forte pour supporter une cathédrale. Là, c'est une gerbe d'épis s'élevant du sol; ici, un groupe de sveltes colonnes, comme on en voit dans les chapelles gothiques, qui s'entrelacent, se croisent ascendantes et descendantes.

Les formes fantastiques de ces groupes leur ont fait donner par les guides les noms de différents objets réels qu'ils paraissent représenter : ils les appellent trône; tribune; boutique de boucher; les deux cœurs; la cloche, morceau de stalactites qui résonne comme du métal; le rideau, singulier morceau de pierre de plusieurs mètres d'étendue et qui ressemble à une draperie d'une magnifique transparence. La matière stalactitale descend de la voûte comme des pendants, décore et revêt les parois, cimente ensemble les

La chaussée des géants en Irlande.

masses disjointes des rochers, forme des paravents, des cloisons, des piliers. On n'entend que le bruit des gouttes d'eau calcaire qui se détachent des aspérités de la voûte et forment en tombant des spirales de stalagmites. Une des chambres, plus large et plus haute que les autres, est convertie une fois l'an en salle de bal. Les jeunes gens de la campagne, garçons et filles, s'assemblent d'une lieue à la ronde et font retentir de leurs joyeux ébats les échos de cette étrange salle de bal brillamment illuminée...

Les terrains basaltiques présentent une multitude d'accidents de toute espèce, qui ont souvent excité l'admiration des curieux. Ici les roches principales sont divisées en longs prismes, en colonnades magnifiques, de l'aspect le plus pittoresque; là des colonnes légères, brisées sur un même niveau, présentent des parvis composés de pièces à pans régulièrement disposés. La forme grandiose, l'étendue parfois considérable de ces curiosités naturelles leur ont fait donner le nom de *Chaussée* des géants. On en trouve en Irlande et, en France, dans le Vivarais, entre Vals et Entraigues. Ailleurs ces masses basaltiques se sont creusées, ouvertes, soit par des mouvements de terrains, soit sous l'action des flots, et l'on y voit des excavations d'une beauté remarquable. Ces grottes sont, en certains endroits, tellement régulières, qu'on les dirait construites de main d'homme; leurs piliers élancés ressemblent à ceux d'une cathédrale, et supportent une voûte richement sculptée et ornée de mille nuances. Le sol est parsemé d'innombrables petites colonnes de basalte: on le croirait pavé en mosaïques.

Sur les bords du Rhin, entre Trèves et Coblentz, près de Bertrich-Baden, on voit une de ces cavernes dont les colonnes sont formées de pièces arrondies, qui les ont fait comparer à des piles de fromages, d'où le nom de *Grotte des fromages*. Mais la plus célèbre est la grotte de Fingal. L'entrée a la forme d'un arc irrégulier de cinquante-trois pieds de largeur sur cent sept pieds de hauteur; la profondeur en est de deux cent cinquante pieds. Les côtés sont droits et divisés en colonnes, dont plusieurs sont brisés près de la base et offrent ainsi un passage pour gravir sur les autres; le reste du sol est occupé par une mer profonde et souvent tumultueuse. Les petites barques peuvent pénétrer jusqu'à l'extrémité de la grotte; mais la moindre tempête peut les y mettre en pièces. Quand la mer est en furie, les vagues se précipitent au fond de la caverne avec un fracas terrible et font jaillir des nuages d'écume. A l'extrémité se trouve un trône, sur lequel le spectateur jouit de la vue de cette magnifique salle, dont l'admirable symétrie surpasse les efforts de l'homme qui voudrait en imiter la magnificence.

Walter Scott l'a décrite ainsi dans son poétique langage.

« Là, comme pour se rire de la beauté des temples construits par les plus habiles architectes du monde, la nature, on le dirait, a voulu bâtir elle-même un sanctuaire en l'honneur de son créateur. Ce n'est pas pour un vil usage qu'elle a dressé ces colonnes et ces arcades recourbées ; ce n'est pas pour un sujet moins solennel qu'elle fait parler les vagues impétueuses, le flux et le reflux; toujours, par intervalles, il s'élance de la voûte élevée un hymne aux accents variés et prolongés, que ne peuvent imiter les mélodies de la terre; l'entrée n'est pas comme la vaine façade d'un vieux temple de l'Ionie; la nature semble dire: Faible enfant

La grotte du Fingal (Vue intérieure).

d'argile, dans ton humble pouvoir, tu t'es imposé pour tâche la construction d'un palais majestueux, d'un temple superbe ; mais compare, examine et rends témoignage à ma puissance. »

La plupart des cavernes, surtout celles qui sont creusées dans des terrains calcaires, renferment des ossements d'animaux, qui sont venus y mourir comme dans leurs repaires, ou dont les cadavres y ont été apportés par les eaux diluviennes ; car on y découvre les débris, non-seulement d'animaux qui recherchent les tanières, mais encore les fossiles de ceux qui vivent toujours en plein air.

La France offre un assez grand nombre de cavernes : le Trou-Erauville, dans la Dordogne ; les Caves-à-Margot, dans la Mayenne; le Bout-du-Monde ou le Cul-de-Mènevaulx, près de Vauchignon (Côte-d'Or), etc.

Les grottes, comme les cavernes, sont dues à des crevasses qui se sont opérées dans l'intérieur du sol. Elles offrent moins d'étendue que ces vastes cavités souterraines, mais souvent ne sont pas moins riches qu'elles en stalactites et en stalagmites.

Les Glaciers

Le voyageur qui traverse les Alpes peut souvent
admirer un sublime et imposant spectacle : les glaciers. On donne ce nom aux amas de glaces éternelles
qui se conservent dans les vallées et sur les pentes des
hautes montagnes. « Il te serait difficile, à toi qui ne les
a jamais vus, nous écrivait un de nos amis, de te représenter fidèlement la grandeur de ces immenses plaines
de glaces amoncelées par les siècles. On dirait que la
main d'une fée puissante a fait couler un jour, entre les
rochers de ces vallées, un large fleuve aux eaux bouil-
lonnantes, et qu'à un moment donné, sa baguette magique en a suspendu le cours afin que ses vagues
glacées et transparentes étincellent sans cesse de mille
feux aux rayons du soleil. »

Depuis l'équateur, où la chaleur est excessive et
constante, jusqu'aux régions polaires où un froid rigou-
reux règne en maître, notre globe présente à sa surface des différences de climat bien sensibles. Mais la
variété de la température, la fertilité relative du sol
sont encore produites par l'exposition des terrains ou
leur inclinaison vers le soleil, et surtout par l'élévation
plus ou moins grande au-dessus du niveau de la mer.

Nous savons tous, par expérience, que plus on s'é-
lève dans l'atmosphère, plus la température se rafraî-
chit. Aussi une même contrée, un seul point du globe
peut offrir un exemple frappant des variations les plus
subites et les plus rapprochées : au pied des mon-

tagnes de la Suisse, par exemple, la végétation est
luxuriante ; ils y croît les arbres de nos pays méridio-
naux. En gravissant les pentes escarpées, entre mille et
deux mille cinq cents mètres, on rencontre le chêne,
le hêtre, l'if, le bouleau, le mélèze, le sapin, puis les
bruyères, les saules nains, les gentianes, les saxifrages,
les silènes, enfin les neiges éternelles.

La neige qui, pendant l'hiver, tombe sur les plus
hautes cîmes des montagnes, où le froid est constant,
ne produit pas de glaciers, parce qu'elle ne peut fondre;
mais celle qui tombe dans les régions inférieures, ou
qui glisse sur les pentes, soit par son propre poids, soit
sous l'impulsion des vents et des tempêtes, se fond peu
à peu à la chaleur du soleil ; l'eau qu'elle produit filtre
à travers les couches, glisse sur les pentes jusqu'aux
bas des vallées, où l'hiver la convertit en glace et l'a-
moncèle pour former les glaciers.

Plusieurs de ces fleuves glacés, arrivés au terme
de leur course, occupent une hauteur de 300 mètres
sur un quart de lieue de largeur et 25 kilomètres de
longueur : on peut donc supposer que le printemps le
plus long, le soleil le plus chaud de la Suisse ne pro-
duiraient qu'un bien faible effet sur un dépôt d'une telle
dimension. Mais ils diminuent pourtant sous l'action
de causes nombreuses. En approchant d'un glacier, on
aperçoit une caverne d'où sort un courant rapide et
bouillonnant ; il vient certainement de la neige et de
la glace fondue qui pénètre, à travers les interstices
et les fissures, dans un canal inférieur, se creuse un
passage et roule enfin à la lumière du jour. La formation de ces ruisseaux torrentueux, la dépression jour-
nalière à la surface de ces vastes magasins sont dus
non-seulement à l'action du soleil et de la pluie, mais
encore au contact avec le sol de la glace qui est fondue

par l'effet de la chaleur naturelle de la terre, et à leur mouvement progressif.

Car ces immenses arsenaux ne restent pas stationnaires aux lieux qui les ont vus naître, occupant, comme nous l'avons dit, les vallées et les pentes supérieures des hautes montagnes. Ils glissent, ils se meuvent en avant d'une manière graduelle, incessante, invisible, mais réelle. Le glacier supérieur descend lentement, il est vrai, mais sans cesse, dans la vallée inférieure, rivière de glace toujours coulant et toujours renouvelée. Aucune puissance humaine ne peut en arrêter la marche.

En 1842, le professeur Forbes, d'Edimbourg, fit, afin d'en déterminer le mouvement, quelques observations sur le glacier de la *mer de glace* qui a 5 lieues de longueur sur une de largeur. Il plaça son *théodolite* en face d'un banc de rocher, en contact avec la glace, sur lequel il put marquer les progrès descendants du glacier. « Ses signes indiqués chaque jour sur la surface polie du roc, dit M. Forbes, prouvèrent une descente aussi régulière que l'ombre sur un cadran, et maintenant il est pour moi de toute évidence que, même en marchant sur le glacier, nous étions de jour en jour, d'heure en heure, imperceptiblement charriés par une force irrésistible, avec une lenteur solennelle, insensible qui m'inspira une admiration presque respectueuse, en déterminant avec un vif intérêt et une connaissance sérieuse, les lois qui résulteraient de ces méthodes d'observations. »

Les glaciers se meuvent aussi bien l'hiver que l'été. Le mouvement moyen, en été, est par jour de 40 à 45 centimètres et, en hiver, de 30 à 35.

De grandes crevasses qui s'y forment attestent ce mouvement, et si, dans sa marche lente , le

La mer de glace.

glacier atteint le bord d'un roc escarpé, d'immenses blocs de glace se détachent et roulent avec fracas dans le précipice. Souvent ils sont retenus par un rocher à pic qu'ils pressent avec force et qu'ils finissent par renverser.

— « Passons vite, dit un jour le guide à un voyageur dont il dirigeait la course audacieuse, les glaces qui s'appuient contre ce rocher pourraient le faire rouler sur nous. » A peine le passage fatal était-il fran-

Marche progressive d'un glacier
et moraines latérales.

Jonction de plusieurs glaciers
et moraine centrale.

chi, que le roc s'ébranla, glissa d'abord, puis, bondissant avec le bruit du tonnerre, culbuta tout dans sa course furieuse, et alla ravager une forêt qui se trouvait au-dessous.

On rencontre sur les glaciers des amas considérables de pierres, de sables et de débris arrachés aux flancs des montagnes et aux rochers, soit par la force expansive de la glace, soit par les avalanches. Ces débris, en roulant, se distribuent ordinairement dans un ordre assez régulier et forment ce qu'on appelle des *moraines*. Au printemps, le dégel fond la glace dont les froids de l'hiver ont rempli les crevasses des rochers et des terrains. Les rocs et le sable divisés, désagrégés, se détachent et tombent sur les bords du glacier, où ils s'entassent en larges sillons. Les voyageurs, à cette époque de l'année, sont exposés très-souvent à de sérieux dangers par la chute de ces pierres, et, s'il leur prend fantaisie de gravir une moraine, les précautions les plus grandes leur sont nécessaires; car plusieurs des pierres dont elle se compose sont disposées de telle façon qu'il suffit d'y mettre le pied pour les faire mouvoir et perdre l'équilibre. Ouvrir un sentier sur les moraines latérales est impossible, parce que, le glacier changeant de hauteur presque chaque année, presque à chaque saison, la moraine monte et descend avec lui, et souvent abandonne des blocs énormes sur les flancs de la montagne.

Quand deux glaciers de sources différentes se rassemblent dans la même vallée comme le font deux fleuves, les moraines latérales s'unissent à la surface et produisent une large bande qui sépare les deux courants, et que l'on nomme, pour cette raison, moraine médiane.

Les crevasses nombreuses qui découpent la surface d'un glacier, comme les vagues sur une mer agitée, sont autant de gouffres béants qui arrêtent la marche des touristes et rendent l'ascension difficile et dangereuse. Pour les franchir, il faut les longer jusqu'à leurs extrémités, reprendre le côté opposé et suivre ainsi une route en zig-zag longue, périlleuse et décourageante. On peut encore, pour les traverser, se servir de longues perches armées de crochets de fer que l'on place en travers de la crevasse, et qui forment une espèce de pont tremblant sur lequel se hasardent les plus hardis voyageurs.

En continuant à gravir le glacier, le touriste passe de la glace sur la neige molle où il peut s'enfoncer profondément, tandis que peut-être le soleil resplendit au-dessus de lui. Il est arrivé à cette partie du glacier où se remplissent chaque hiver les arsenaux qui suppléent aux pertes subies par les régions inférieures. A cette hauteur, la neige, au lieu de fondre, prend une forme granulaire, comme le riz ou les pois. C'est ce qu'on appelle *Névé*. Çà et là, dans le névé, sont creusées des cavernes spacieuses et fantastiques, s'étendant fort loin sous les couches trompeuses de la neige et dans lesquels les voyageurs imprudents peuvent trouver une mort certaine. Parfois, à travers une légère ouverture, à la surface du névé, on peut voir des cavités larges, profondes, sur lesquelles on a marché sans le savoir, remplis de blocs de glace, entassés pêle-mêle; puis des stalactites, monstrueuses chandelles de glace, de plusieurs mètres de longueur, sont suspendues à la voûte et lui donnent toutes les grandioses variétés de couleurs qu'on admire dans les cavernes souterraines. Ici toutefois, elles offrent le très-grand avantage d'être parfaitement transparentes, d'être éclairées non plus par la clarté des torches, mais par la lumière magique d'un vert tendre qui filtre à travers les murs de véritables chambres de cristal.

En descendant un glacier, quand le soleil est caché derrière les pics les plus hauts, la vapeur, devenue élastique et invisible par l'effet des rayons solaires, se condense alors, rampe et s'étend le long des rochers et des cimes, aussi lentement et graduellement que si une main couvrait la scène d'un voile de gaze. Les pics les plus élevés continuent toujours à briller, éclairés des dernières lueurs du jour, jusqu'à ce que domine une teinte bleuâtre, triste, livide, qui donne au paysage un tout autre aspect. Le glacier, lui aussi, se métamorphose ; la surface humide se durcit, se glace et expose les touristes à des chutes fréquentes ; les filets d'eau qui, quelques heures auparavant, resplendissaient au soleil et se hâtaient d'arriver au terme de leur course, l'ont maintenant suspendue pour la continuer le lendemain ; les vêtements se frangent de cristaux de givre ; le bruit strident des pas atteste que la gelée a repris son domaine et répare les pertes d'un jour d'été.

On a pu, par la description précédente, comprendre l'importance des glaciers dans l'économie de la nature et voir que, par un arrangement sage et libéral du créateur, la chaleur de l'été, qui dessèche les autres fontaines, exerce sa douce influence sur les immenses arsenaux des glaciers, et y puise d'une main mesurée pour répandre la joie et la fertilité dans les plaines.

Les Avalanches

Un des plus terribles dangers auxquels soient exposés, dans les montagnes élevées et couvertes de neiges éternelles, les voyageurs et les habitants, c'est la chute des *avalanches*. On donne le nom d'avalanches, de lavanches ou de lauvines à des monceaux immenses de glace ou de neige, qui, accumulés sur une vaste étendue à la cime des montagnes et cédant à leur propre poids, se détachent, à la fin de l'hiver, des terrains sur lesquels ils reposent, descendent avec la rapidité de la foudre, grossissent en roulant, renversent, détruisent, entraînent tout sur leur passage et tombent au fond des vallées, où souvent elles engloutissent des villages entiers.

Les avalanches *foncières* sont les plus dévastatrices. Formées d'une neige compacte, adhérente, elles produisent en roulant un bruit semblable au grondement du tonnerre, ébranlent les montagnes et les vallons, entraînent avec elles les pierres, les arbres et les rocs qu'elles ont brisés, engloutissent, écrasent les malheureux voyageurs qu'elles surprennent, et ensevelissent les prairies et les forêts sous une épaisse couche de neige que la chaleur de deux ou trois étés peut à peine faire fondre. La chute instantanée de ces avalanches de neige peut ensevelir un village pendant la nuit, sans que les habitants soient avertis du malheur qui les menace. C'est ce qui arriva en 1749, dans le canton de Grisons, au village de Bueras, qui, de plus, fut en meme temps changé de place. Cent de ses infortunés habitants périrent sous la neige; soixante d'entre eux, des plus robustes, furent retrouvés vivants encore: ils avaient trouvé dans les trous assez d'air pour ne pas être asphyxiés.

Malheur donc au village qui n'est pas abrité par une colline ou par une forêt. Aussi, pour se protéger autant que possible contre la puissance terrible de l'avalanche, on construit, dans certains endroits, des digues larges et massives de maçonnerie, comme les bastions avancés d'une forteresse, dont l'angle aigu coupe la neige et l'écarte de chaque côté. Dans quelques vallées on met beaucoup de soin à préserver les forêts qui couvrent leurs pentes. On les regarde comme des bois sacrés, et si, quelqu'un se permet d'y couper des arbres, on lui inflige une peine sévère. Cependant elles ont souvent prouvé l'inefficacité de leur protection contre ces fléaux dévastateurs. Car à la fin les plus gros arbres, ceux qui sont propres à faire des mats de vaisseaux de guerre, sont brisés en deux comme un bâton de cire, et les troncs et les débris de la forêt sont là debout, semblables à des chaumes après la moisson, pour attester le passage de l'avalanche.

L'avalanche *venteuse* arrive en hiver, quand de violentes rafales détachent d'immenses masses de neige des hauteurs où elle s'est accumulée. Ces lauvines, roulant sur les pentes inférieures, en enlèvent d'autres masses qui s'entassent les unes sur les autres, se précipitent au fond des vallées avec une rapidité inouïe et parcourent quelquefois de longues distances. Elles sont à craindre, non pas tant à cause de leur propre violence que parce qu'elles impriment de fortes secousses à l'air qu'elles traversent, et qui étend sa fatale influence de chaque côté de la ligne

nche dans les Pyrénées.

parcourue. L'effet de la lauvine venteuse est semblable à celui de la poudre à canon. Quelquefois les arbres des forêts qui s'élèvent non loin du passage de l'avalanche sont déracinés et renversés sans avoir été touchés par elle. En 1819, dans la vallée de Visp, canton du Valais, le village de Randa, situé au pied d'un des pics élevés de la *Corne-Blanche*, fut détruit par la compression de l'air produite par la chute d'un immense quartier de glacier qui, suspendu sur le bord d'un précipice, se détacha et tomba soudainement dans la vallée avec un fracas épouvantable et couvrit un vaste terrain de glace, de ruines et de décombres. La force de la rafale causée par l'air violemment refoulé fut si étonnante qu'elle souleva des meules de moulin et les transporta à plusieurs mètres plus haut que l'endroit où elles se trouvaient. Les maisons furent secouées comme des fétus de paille; plusieurs poutres furent rejetées dans une forêt à plus d'un mille de là, et le clocher de l'église, construit en pierres massives, fut renversé.

Les *avalanches de glace* sont très-communes en été, surtout après midi, quand le soleil, par son influence, détache des parties de glacier et les lance sur le versant des hauteurs. Ces masses de glace se divisent, dans leur course, contre les rochers, en mille petits morceaux, et, vues de loin, elles ressemblent aux cataractes des fleuves et sont accompagnées des mêmes bruits retentissants.

On entend d'abord un bruit lointain, comme le sourd grondement du tonnerre; une minute après, on voit un amas de poussière blanche se détacher du sommet d'une gorge, s'y plonger, disparaître, puis reparaître à un étage inférieur, à quelques cents pieds plus bas; enfin on distingue un autre grondement, puis un nuage blanchâtre qui s'élève du fond de la vallée jusqu'au monceau de glace. C'est l'avalanche qui s'est précipitée dans l'abîme. Indépendamment de ce bruit qui interrompt de temps à autre le silence monotone de ces hautes montagnes, ces masses croulantes n'offrent rien de remarquable, et même en croirait difficilement qu'une cause en apparence si minime pût produire les échos retentissants du tonnerre. Toutefois le spectateur doit savoir que les monts répètent tour à tour les bruits de la chute et que cette vapeur blanchâtre et presque insignifiante est produite par des blocs de glace capables de ravager des forêts dans leur course effrénée et de détruire des maisons et des villages entiers.

Les effrayants spectacles qui frappent de terreur et de respect l'esprit des voyageurs dans les montagnes, sont dus parfois à des causes bien légères : l'aile d'un oiseau, le pas mal assuré d'un guide ou de celui qu'il accompagne, l'agitation de l'air produite par la voix ou les sonnettes des mulets, le moindre souffle du vent suffit pour déterminer la chute d'une parcelle de neige qui s'accroît dans sa course, devient rapidement plus grosse qu'une maison, brise tous les obstacles et plonge toute une contrée dans la désolation.

Aussi prend-on, pour éviter de telles catastrophes, les précautions les plus minutieuses. Les guides, par exemple, garnissent les sonnettes de leurs mulets, ou tirent un ou deux coups de fusil avant de se hasarder dans les passages dangereux, et recommandent de parler à voix basse et de marcher prudemment. Mais trop souvent, par malheur, l'événement prouve combien les armes et la sagesse de l'homme sont faibles contre ces accidents naturels.

Les montagnes qui marchent. — Torrents boueux

En Suisse, ainsi que dans les régions montagneuses, il se produit parfois un curieux phénomène. Une montagne, jusqu'alors bien assise sur sa base, s'en détache et, comme un glacier, avance lentement pendant plusieurs années, et enfin glisse sur les pentes et forme des vallées, des paysages inattendus. Ces translations surprenantes, ces métamorphoses de paysages sont dues, soit au mouvement régulier et incessant des glaciers, soit aux gelées et aux dégels alternatifs des terrains, qui finissent par séparer et désagréger une partie de leur substance, soit enfin à l'amollissement des lits de terre glaise sur lesquels les rochers et les monts sont assis.

En 1806, le docteur Zay, qui voyageait en Suisse, fut témoin d'une de ces catastrophes arrivée sur le mont Ronberg, dont une portion se précipita dans la vallée et y causa des malheurs incalculables. Cette année, dit-il, l'été fut très-pluvieux, la pluie tomba même constamment le 1er et le 2 septembre. De nouvelles crevasses s'ouvrirent dans les flancs de la montagne et l'on entendit à l'intérieur une espèce de craquement terrible. Des pierres sortirent du sol ; des fragments de rocher roulèrent au bas de la montagne. A deux heures après midi, le 2 septembre, un roc énorme se détacha et, en tombant, souleva un épais nuage de poussière noire. Vers la partie inférieure, la terre parut glisser et entraîner avec elle les objets placés à la surface. Un homme qui bêchait dans son jardin prit la fuite, alarmé de ces présages extraor-dinaires ; les sources cessèrent de couler ; les pins de la forêt chancelèrent ; les oiseaux s'envolaient en poussant des cris d'épouvante. A cinq heures moins quelques minutes, les symptômes de quelque étonnante catastrophe devinrent encore plus visibles; toute la sur-face de la montagne (plus de 50 millions de mètres cu-bes) sembla glisser en bas, mais assez lentement pour donner aux habitants le loisir d'échapper au danger. Un vieillard, qui souvent avait prédit un tel désastre, fumait tranquillement sa pipe à la porte de sa cabane, quand un jeune homme, qui passait en courant, lui dit que la montagne allait tomber; le vieillard se leva, re-garda et entra dans sa maison en disant qu'il avait encore le temps de bourrer une autre pipe. Le jeune homme continua à courir et eut de la peine à échapper. Enfin s'arrêtant, il porta ses regards en arrière et vit la maison entraînée tout d'une pièce. Ailleurs, une mère qui traversait une chambre en tenant son enfant par la main, fut tout à coup renversée. La maison, comme elle le dit plus tard, paraissait être arrachée de ses fondations et tourner sur elle-même comme un toton. « J'étais tantôt sur ma tête, tantôt sur mes pieds, dans une obscurité complète et violemment séparée de mon enfant. » On les retira plus tard des ruines tous deux vivants, et cependant ils avaient été charriés l'espace de 500 mètres plus bas que l'endroit où leur habitation était construite. Plus loin, on trouva un enfant de deux ans endormi sur une couche de paille, sain et sauf, mais nulle trace de la maison dont il avait été séparé. Une telle masse de terre et de pierres alla se précipiter dans le lac de Lowertz, éloigné de six kilo-mètres, et en remplit une partie. Une vague prodigieuse, passant tout entière sur l'île de Schwanau, de vingt-cinq mètres d'élévation au dessus du niveau ordinaire de l'eau, s'abattit sur la côte opposée et, en revenant, entraîna dans le lac plusieurs maisons avec leurs habitants. Le village de Seewen, situé à l'autre extrémité, fut inondé, plusieurs cabanes furent détruites par les flots, qui transportèrent des poissons dans le village de Stimen. La chapelle de Obten, bâtie en bois, fut trouvée à une lieue et demie de la place qu'elle occupait précédemment, et plusieurs blocs de pierre furent complétement changés de position.

Une longue trace de ruines, semblable à une écharpe suspendue aux épaules du Rossberg, traversait, comme une traînée hideuse de stérilité, les riches plantations d'arbres de toutes espèces et les verts et gras paturages, et s'étendait jusqu'au lac de Lowertz et au Rigthi, sur une longueur de cinq à six kilomètres.

Le plus gros des villages détruits dans le val de Arth fut Goldau. Plusieurs personnes qui, à une distance de cinq kilomètres, observaient avec une lunette le sommet du Rossberg, dirent que tout à coup une volée de pierres traversa l'air comme un boulet de canon au-dessus de leur tête, qu'un nuage de poussière obscurcit la vallée, qu'un bruit terrible se fit entendre, et qu'elles s'enfuirent. Aussitôt que l'obscurité fut assez dissipée pour permettre de distinguer les objets, elles se mirent à la recherche de quelques amis qui les avaient précédées à Goldau; mais le village était enfoui sous un amas de pierres et de décombres de trente mètres de hauteur, et toute la vallée offrait la plus épouvantable confusion. Il ne resta de Goldau que la cloche de l'église qu'on retrouva à 1300 mètres plus loin. Avec les rochers descendirent des torrents de vase; une fois dans la vallée, ils prirent une autre direction et suivirent la pente jusqu'au lac de Lowertz, et les rochers, continuant leur course en ligne droite, traversèrent la vallée du côté du Righi ; la base de cette montagne fut couverte de blocs énormes entassés les uns sur les autres à une hauteur incroyable, et qui renversèrent des arbres, comme l'auraient fait des boulets de canon.

Les ponts de neige

Il se trouve dans les glaciers de nombreuses déchirures ou crevasses, qui parfois deviennent les réceptacles des avalanches. Dans leur chute, ces énormes amas de neige ou de glace viennent ordinairement s'entasser moitié en dedans, moitié en dehors de l'ouverture, et forment ainsi un pont sur lequel on peut passer. Les voyageurs qui ont atteint le sommet du Mont-Blanc, dépeignent les crevasses qu'on y rencontre comme un spectacle singulier, grandiose et sublime. En s'approchant avec précaution du bord d'un de ces abîmes béants, on peut plonger ses regards dans des profondeurs inconnues, sombres et noires au fond, mais dont les parois déploient toutes les magnificences de la glace cristallisée, ou sont tapissées de gelée blanche, voile plus délicat que la gaze, plus varié que les tentures de damas. Autour des bords sont fréquemment suspendues des chandelles de glace, brillantes comme le cristal.

En gravissant le Mont-Blanc, on rencontre une vallée ou lac gelé, appelé le grand plateau, entouré de trois côtés par des montagnes, et de l'autre par des glaciers. Une large ouverture sépare le glacier du plateau. On communique de l'un à l'autre par une immense masse de neige, qui s'est placée en travers de la crevasse et fait l'office de pont.

Un jour une société de voyageurs eurent la hardiesse de se reposer sur ce viaduc d'un nouveau genre pour y déjeuner. L'un d'eux décrit ainsi la scène :

« Pendant qu'on préparait le repas , je ne pus résister à la tentation de me promener le long de la crevasse du côté du plateau. La profondeur en est prodigieuse ; sa grande largeur me procura l'avantage de l'examiner plus attentivement. Les couches de glace varient en couleurs du bleu foncé au blanc d'argent; des myriades de longues et brillantes chandelles de glace pendent à toutes les fentes des couches et offrent un spectacle d'une grande beauté. De là, je voyais parfaitement notre pont ; la manière dont il est suspendu, les guides et mes compagnons tranquillement assis sur ce faible appui, à plusieurs centaines de pieds au-dessus du fond du gouffre, offraient un spectacle curieux, magnifique, mais en même temps épouvantable. En un instant, sans espoir de salut, ils pouvaient être, avec le pont, précipités dans l'abîme. Une telle pensée ne s'était jamais présentée à l'esprit des guides dont chacun d'eux, alors insoucieux et inconscient du danger , s'occupaient du repas en chantant de joyeux refrains. »

Tables des glaciers

Quand un rocher vient, par une cause quelconque, à
se détacher des flancs d'une montagne et à rouler à la
surface d'un glacier, il arrive que, protégée par son
épaisseur contre les rayons solaires, la glace ne fond
pas, et que, par suite de l'affaissement graduel de la
masse, le roc se trouve, en tout ou en partie, soutenu en
l'air : on dirait de loin un vaste parapluie ou un monstrueux champignon. C'est ce qu'on appelle une table
de glacier.

L'un de ces blocs, décrit par M. Forbes, naturaliste
anglais d'un grand mérite, avait huit mètres de longueur, sur six de largeur et environ un et demi
d'épaisseur. « Dans le mois de juin, dit-il, je pus
facilement monter sur cette pierre ; mais, dans la
saison avancée, la glace, s'étant fondue tout alentour,
laissa la table élevée au-dessus du niveau du glacier
et soutenue par un piédestal élégant. Chaque fois que
je la visitais, elle était plus difficile à gravir, et
enfin, au mois d'août, le pilier avait quatre mètres de
hauteur , et la pierre était si délicatement posée
à son sommet qu'il était presque impossible de
conjecturer le moment précis de sa chute, bien que, par
suite du dégel, elle dût tomber dans le courant de l'été.
C'était probablement le plus bel objet de cette espèce
que l'on pût voir en Suisse. La glace du piédestal pré-
sentait une structure lamellée, parallèle à la longueur
du glacier. Sur la fin du mois d'août, la pierre glissa

3.

de son support ; au mois de septembre, elle s'élevait sur un autre ; la base du premier n'était pas encore fondue et s'apercevait encore à la surface. »

Si les pierres, au lieu d'être épaisses, sont des feuilles minces, légères et d'une couleur sombre, elles absorbent la chaleur, fondent la glace qu'elles recouvrent, s'enfoncent peu à peu et bientôt disparaissent. Une

Table de glacier au pied du Mont-Blanc.

feuille d'arbre apportée par le vent, un insecte mort, quelques grains de sable noir, pénètrent à l'intérieur ; mais les blocs gros comme une maison et d'un poids énorme, que la chaleur du soleil ne peut traverser, restent soutenus en l'air et offrent un aspect très-pittoresque.

Le sable des moraines entraîné par les eaux descend dans les cavités profondes du glacier, s'y accumule, les remplit; et la glace, à mesure qu'elle s'affaisse par le dégel, laisse debout de curieux cônes de sable.

Ces tables et ces cônes participent au mouvement de toute la masse et arrivent à l'extrémité du glacier où ils s'arrêtent. Dans la vallée de Chamouny, on voit çà et là des amas de moraines, irréguliers, de toute forme, de toute hauteur, indiquant jusqu'où la glace s'est avancée les années précédentes.

Blocs erratiques

Après avoir quitté la région des glaciers, on trouve encore de ces pierres énormes, tout à fait semblables à celles qu'on a vues à leur surface. Elles sont répandues dans plusieurs contrées de l'Europe et sont appelées pour cette raison blocs nomades et, scientifiquement, blocs erratiques.

Un de ces blocs, situé à deux kilomètres et demi environ de Neuchâtel, est appelé *Pierre-Crapaud*, à cause de sa grossière ressemblance avec un crapaud accroupi. C'est un granit, pareil à celui du grand Saint-Bernard; on suppose même qu'il en vient, parce qu'il n'y a point de rochers de cette nature dans les terrains environnants; de plus il ne montre aucune trace de frottement, car les angles en sont parfaitement aigus. Le professeur Playfair prétend que ces blocs nomades ont été déposés par d'anciens glaciers, rentrés ensuite dans des limites plus étroites. En parlant de la Roche-Crapaud, il dit : Un cours d'eau, quelque puissant qu'il fût, ne l'aurait pas entrainée, même sur une pente, mais l'aurait déposée dans la vallée où elle aurait glissé; et, d'ailleurs, il en aurait arrondi les angles, et lui aurait donné la forme si caractéristique des pierres sujettes à l'action des eaux. Mais un glacier qui remplit une vallée dans sa course et qui charrie, sans les polir, des rochers à sa surface, est le seul agent, que nous sachions, capable de les transporter à une telle distance, sans enlever aux angles de ces pierres le tranchant qui les distingue.

On se demande comment des blocs détachés du centre des Alpes ont pu , d'une part , glisser d'une
grande hauteur jusqu'au fond des vallées , et de
l'autre, parvenir en grand nombre, en conservant
leurs arêtes intactes, jusque sur les sommets du
Jura, à 600 ou 800 mètres au-dessus de la large vallée
de la Suisse, qu'ils ont dû traverser. On n'est pas
moins étonné quand, partant de la Suède, où l'on trouve
des blocs dispersés sur la croupe des montagnes, on en

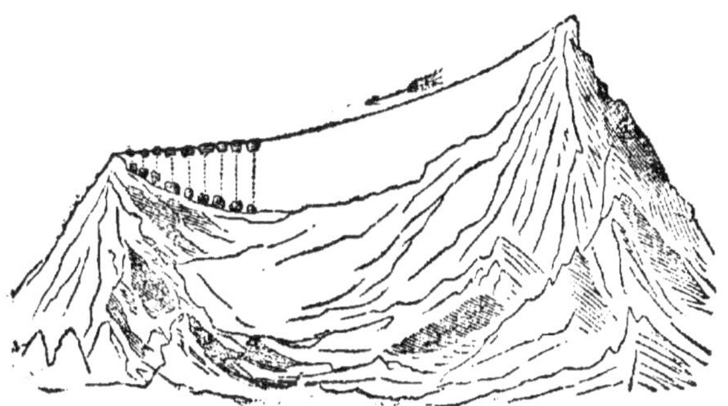

Théorie du transport des blocs erratiques.

voit de même nature transportés, malgré la Baltique,
jusqu'au milieu des plaines de la Prusse. Il y en a de
toute grosseur, ayant quelquefois plus de 1000 mètres
cubes, qui ont dû faire plus de 1000 kilomètres pour
arriver au point où ils se trouvent aujourd'hui. Ils
n'ont aucune espèce d'analogie avec les espèces de
rochers sur lesquels ils gisent, et on en rencontre sur
le versant oriental du Jura, dans le nord de l'Europe,
dans les montagnes de la France , en Angleterre ,
dans les Indes et dans les deux Amériques.

On a cherché à expliquer le transport et la dispersion

des blocs erratiques de deux manières. Parmi les géologues, les uns admettent des torrents boueux, d'une grande profondeur, capables de transporter avec une grande vitesse des blocs énormes sans en arrondir les angles ; les autres, voyant les glaciers charrier à leur surface de nombreux débris, et former des moraines sur leurs parties latérales et à leur extrémité, ont pensé que telle avait été dans tous les temps la cause du transport des rochers partout où on les trouve, et ils ont supposé, par conséquent, que les glaciers, tels qu'ils existent aujourd'hui, ont occupé autrefois d'immenses étendues. Ainsi, relativement aux contrées du nord, on a imaginé un énorme glacier, une vaste calotte de glace de 1000 kilomètres de rayon, qui de tous côtés à dispersé les blocs sur les hauteurs, et dans les plaines des régions septentrionales. Et, pour expliquer d'une manière satisfaisante la dispersion des blocs erratiques des Alpes, on est conduit à admettre l'énormité d'un glacier de six cents à mille mètres d'épaisseur, de 240 kilomètres de largeur, d'une surface de plus de 8000 kilomètres carrés et s'étendant dans toutes les vallées latérales.

En un mot, pour expliquer ces phénomènes et les résultats de la commotion diluvienne, on a couvert tout le globe de glaciers à une certaine époque, en admettant un refroidissement général de notre planète pendant un certain temps.

Toutefois ces deux théories: l'action des courants et l'action des glaciers, défendues à outrance de part et d'autre, ne peuvent, prises séparément, rendre compte des faits observés, sans qu'on soit obligé de recourir à des suppositions extraordinaires. Espérons cependant que lorsque les détails seront bien connus, et qu'on aura posé plus solidement les bases d'une étude sérieuse, on arrivera à asseoir une théorie unique où chacune des deux hypothèses aura sa part véritable.

Ce qui précède a rapport aux erratiques que l'on rencontre dans l'intérieur des terres. Quant à ceux que les voyageurs ont trouvés sur les rivages des mers polaires et qui sont d'une nature autre que ceux des terrains environnants, ils y ont été amenés et déposés par des îles de glaces flottantes, détachées, au moment de la débacle, de la masse des glaciers. Ces glaciers, en effet, si communs dans les régions des pôles, entraînent, dans leur course lente et continue, des débris de montagnes jusqu'à la mer où d'immenses glaçons, s'en détachant, les emportent.

Ces sortes de radeaux charrient, dans leurs lointains voyages, des blocs de rocher plus ou moins volumineux, et viennent échouer çà et là, dans toutes les directions, sur les rivages où ils déposent dans les bassins, dans les anses, à l'embouchure des fleuves, ces voyageurs étranges qui, peut-être, sont partis d'une terre bien éloignée.

Quelquefois on trouve des blocs de granit d'un poids de plusieurs centaines de kilos embarrassés et suspendus dans les branches des arbres qui bordent les rivières, à des distances plus ou moins grandes. Toutefois le nombre de ces blocs ainsi charriés diminue à mesure qu'on avance vers l'équateur.

Tremblements de terre

Bien que les savants de tous les siècles se soient occupés des phénomènes terribles auxquels on a donné le nom de tremblements de terre et de volcans, ils n'ont pu jusqu'ici qu'en constater, qu'en décrire les effets destructeurs. En quelques secondes, des cités peuvent être renversées de fond en comble, des populations entières détruites, de fertiles plaines converties en vastes déserts, toute la face de la nature changée, transformée. Mais quelle est la véritable cause de si étonnants désastres? Elle est encore inconnue : toutefois elle doit avoir sa raison d'être dans la chaleur interne de la terre. Qu'y a-t-il donc au sein de notre globe? Partout à sa surface, on aperçoit les traces de feu ; dans toutes les parties du monde, des montagnes jettent des flammes et des laves brûlantes. On ne peut faire un pas, même dans notre France, sans trouver les traces d'une combustion ancienne ou récente. Des sources d'eau chaude, d'eau presque bouillante, sortent du sol; des vapeurs, des flammes paraissent à sa surface ; des montagnes nouvelles s'élèvent, d'autres s'abaissent, des îles sont comme lancées du sein des mers.

Nous savons par expérience qu'en descendant dans les entrailles du globe, en creusant, par exemple, des mines ou des puits, en perçant des sources artésiennes, la chaleur augmente dans une progression rapide, d'un degré centigrade environ à chaque 30 ou 32 mètres.

D'après cela, à la profondeur de quelques centaines de
kilomètres, la température serait de beaucoup supérieure à celle nécessaire pour la fusion des corps solides
ou des métaux que nous connaissons; et le centre de la
terre, qui est à 6266 kilomètres de sa surface, pourrait
être lui-même dans un état de liquidité complète. Notre
globe peut donc être considéré comme une sphère de feu
recouverte d'une croûte opaque et refroidie. Si l'on suppose alors un transfert à l'intérieur par le déplacement
des couches, l'équilibre est rompu, et alors a lieu une
éruption volcanique. De plus, comme le fait observer
Herschell, l'Océan rongeant sans cesse ses rivages
pour en enlever les matières au profit de ses abîmes,
la plus grande pression se trouve au centre de la profondeur des eaux, tandis que les côtes, amincies par le
ravage des flots, sont plus facilement brisées, crevassées par les commotions intérieures: aussi est-ce le
long des rivages de la mer qu'apparaissent les princi-
paux volcans.

Puisque tous les corps augmentent de volume à mesure que leur température s'élève; puisqu'une goutte
d'eau réduite en vapeur occupe dix-sept cents fois
plus d'espace qu'elle n'en occupait à l'état liquide, on
conçoit que la chaleur doit donner aux corps une action, une force puissante; car il faut que la goutte
d'eau trouve cet espace pour se dilater à son aise. La
vapeur fait effort contre les obstacles qui la retiennent
dans des vides trop étroits; à mesure que sa chaleur
augmente, elle soulève, elle brise toutes barrières, si
elles ne sont pas assez solides pour résister. Cette force
expansive est la plus puissante que l'homme connais-
se [1]. Aussi s'en est-il emparé, et a-t-il obtenu par son se-

[1] Quand l'électricité pourra être employée comme force motrice,
son action sera bien plus puissante encore.

cours des effets qui tiennent du prodige. C'est la vapeur qui imprime désormais le mouvement aux machines les plus productives; sur les chemins de fer, elle
transporte avec la rapidité de l'éclair les voyageurs et
des masses considérables de marchandises; rivalisant
avec le vent, elle entraîne sur l'océan des paquebots
chargés, que le calme n'arrête plus; elle élève les
eaux des fleuves au moyen des pompes et les distribue
par mille canaux. C'est cette forcequi brise l'autoclave
et la chaudière de la machine dont l'imprudent ouvrier
a trop chargé la soupape. C'est peut-être aussi cette
puissance qui remue la croûte solide sur laquelle nous
marchons...

Toujours est-il que ces suppositions deviennent presque des certitudes, quand on pense à la chaleur intense
développée au centre de la terre et aux combinaisons
chimiques qui, grâce à elle, s'y opèrent continuellement
entre les éléments divers dont il se compose,
actions chimiques dont les volcans sont une preuve
irrécusable.

Un tremblement de terre, quelle qu'en soit la cause,
peut être défini: un mouvement produit sur la surface
de la terre par une force ascendante agissant à l'intérieur.

Ce mouvement se montre sous trois caractères
différents.

Sur les rivages de l'océan Pacifique et sur les
côtes de l'Amérique du Sud, la surface terrestre se
met souvent à trembler, à grelotter comme une personne ayant la fièvre, ou comme un vaisseau à vapeur
qui vogue sous une haute pression. Ces faibles secousses ne sont pas dangereuses et causent à peine
quelques dommages.

Dans le second mouvement qu'on appelle *ondulatoire*,

la terre se soulève et s'abaisse alternativement, comme à peu près la mer sous l'action d'une brise légère ; ou bien elle se hausse comme par l'effet d'une explosion et enveloppe alors tout dans une complète destruction.

Mais les secousses les plus terribles sont appelées *rotatoires*. La surface ressemble alors à une mer agitée par des vagues irrégulières, se croisant, se repoussant les uns les autres dans différentes directions. Souvent toutes les espèces d'ébranlements se réunissent à peu près dans le même temps, et rien alors ne peut échapper à la dévastation.

Dans les contrées où les tremblements de terre ont exercé leur dévastation, les habitants, à la plus légère secousse, à quelque bruit inusité, manifestent la plus grande alarme : ils s'enfuient de leurs maisons, et se réfugient dans les plaines, ou bien encore ils attendent dans l'épouvante ce qui va se passer. Leurs pensées se tournent irrésistiblement vers la terre ; chaque minute leur semble des siècles ; chaque bruit est pour eux l'annonce de la dernière heure ; on les dirait subjugués par quelque pouvoir invisible et rivés au sol qui peut-être va leur servir de tombeau.

Les plus vils animaux participent même à la terreur générale. Aussi, dans son compte rendu du tremblement de terre arrivé dans le royaume de Naples en 1805, un écrivain se livre-t-il aux réflexions suivantes : « Quelques minutes avant les premières secousses, les bœufs mugirent ; les moutons bêlaient, courant en désordre et essayant de briser les clôtures de leurs parcs ; les chiens hurlaient ; les oies et la volaille poussaient des cris plaintifs ; les chevaux cherchaient à s'élancer de leurs étables ; ceux de la campagne s'arrêtaient tout à coup et soufflaient avec force ; le poil des chats se hérissait ; les lapins et les taupes abandonnaient leurs trous; les oiseaux voltigeaient, comme s'ils eussent été épouvantés ; les poissons quittaient le fond de la mer et s'approchaient du rivage, où l'on en prit un grand nombre ; les insectes et les reptiles sortaient en plein jour de leur demeure souterraine, fuyant en désordre plusieurs heures avant les premières secousses. Des chiens éveillèrent leurs maîtres endormis en aboyant et en les tirant comme pour les avertir du danger qui les menaçait. Cette agitation des animaux est sans doute produite par des exhalaisons malfaisantes, des gaz méphytiques, les vapeurs, la fumée, les flammes, les odeurs fétides et irrespirables qui émanent du sol et donnent à l'atmosphère l'apparence d'une fournaise ardente.

On a observé que les secousses sont toujours plus violentes et plus terribles dans les lieux où elles ont été ressenties d'abord. De ces lieux, comme d'un centre, les secousses s'avancent en suivant une direction déterminée vers certains points de la circonférence, et forment ce qu'on appelle un tremblement de terre *linéaire*, ou bien elles peuvent tourner autour du centre et former alors un tremblement de terre *central*. Les tremblements de terre linéaires sont plus communs dans les pays traversés par des chaînes de montagnes, et les secousses s'indiquent elles-mêmes par des fissures parallèles à ces chaînes et non loin de leurs bases.

Dans le tremblement de terre central, les secousses se dispersent de tous côtés, et s'étendent parfois à des distances considérables. En 1755, le tremblement de terre de Lisbonne fut central, et le centre se trouvait malheureusement sous cette capitale ou n'en était pas éloigné. Les secousses se firent sentir presqu'en même temps sur une vaste portion du globe, en Europe, en Afrique, où la terre s'ouvrit auprès de Marve et une tribu d'Arabes

fut ensevelie dans les abimes. On en ressentit encore
les effets dans l'Amérique du Nord, dans les Petites
Antilles, et dans quelques contrées de la Grande-Bre-
tagne.

Il paraît cependant que le centre du mouvement
peut se déplacer, et même, que plusieurs centres peuvent co-exister.

Le fait caractéristique de ce terrible phénomène, ce

Crevasses produites par des tremblements de terre.

sont les crevasses plus ou moins larges, mais longues
et nombreuses qui s'ouvrent à la surface de la terre et
rendent les chemins impraticables. Quand la terre s'a-
baisse, elles se referment pour la plupart, mais quand
les secousses sont ondulatoires, elles restent ouvertes
même après la catastrophe. En racontant les effets d'un
récent tremblement de terre en Italie, un écrivain dit
dans l'*Athenæum*: « Entre Pertosa et Solla, en traver-

sant un ravin profond, nous trouvâmes la route entraînée à 70 mètres de distance de son tracé ordinaire ; les montagnes qui la dominaient avaient été coupées en deux, et montraient dans les profondeurs du sol des cavernes de pierres calcaires ; la terre était parsemée de fissures, dans lesquelles nous plongions nos bras jusqu'à l'épaule. »

Un tremblement de terre est ordinairement accompagné de bruits souterrains. Le plus souvent, on croirait entendre le roulement du tonnerre, ou bien c'est le bruit de plusieurs voitures sur un pavage inégal, ou celui de chaînes de fer violemment agitées, ou de rochers de cristal se brisant en mille pièces dans des cavernes souterraines.

Les écrivains de tous les temps, de tous les pays nous ont transmis les détails les plus circonstanciés sur les effets produits par ce terrible fléau.

Dans les habitations, quand les secousses sont légères, les tables s'agitent vivement comme sous l'impulsion d'une main puissante, les meubles exécutent des danses furibondes ; les tableaux oscillent contre les murs ; les poutres craquent comme la coque d'un navire ballotté par une mer en fureur ; les murailles frissonnent comme si elles étaient en proie à une fièvre ardente ; aux violents tintements des sonnettes, on les dirait agitées par une personne pressée d'entrer ; les pendules s'arrêtent ou se mettent en mouvement ; enfin dans ces trépidations générales et inusitées, les habitants sont bienheureux s'ils ne sont pas ensevelis sous les ruines de leurs maisons lézardées de toutes parts.

Sur les continents, les effets sont désastreux, quand le sol est violemment ébranlé. Partout ce sont de longues crevasses, dont quelques-unes ont jusqu'à cent

cinquante mètres de largeur, se bifurquant ou se ré-
unissant autour d'un centre en rayons nombreux et
découpés comme dans une vitre brisée. Ici s'entrouvent
des gouffres profonds dans lesquels des cités, des contrées
entières s'engloutissent, d'où s'élèvent des miasmes, des
masses énormes d'eau, tantôt froides, tantôt chaudes,
quelquefois même des flammes; là, des blocs de rochers
s'écroulent dans les vallées et arrêtent les eaux, qui forment des lacs dans la partie supérieure. Ces eaux accumulées, obligées de se frayer de nouveaux passages,
rompent sur d'autres points les flancs de la vallée, élar-
gissent quelques fissures des montagnes, ou renversent
en tout ou en partie l'obstacle qui s'oppose à leur
cours ordinaire. « De là, dit M. Beudant, à qui nous
empruntons quelques-uns de ces détails, des débacles
épouvantables, des torrents impétueux roulant des
quartiers de rocs énormes, dont le ravage devient aussi
désastreux que les commotions elles-mêmes, et qui, se
creusant de nouveaux lits, élargissant ou approfondis-
sant ceux que les eaux suivaient auparavant, marquent
leur passage par les débris qu'ils roulent et déposent
successivement. »

« Ailleurs, dit-il encore, ce sont des plaines tout-à-
coup transformées en montagnes, des bas-fonds sou-
levés au milieu des mers, des montagnes crevassées,
bouleversées, des terrains montueux, des centaines de
lieues de rochers tout-à-coup aplanis et remplacés par
des lacs. Des cours d'eau sont détournés, engouffrés
dans la terre ; des lacs se dessèchent en renversant
leurs digues, ou se perdent dans des conduits souterrains. Par opposition, il se manifeste en d'autres endroits d'abondantes sources, véritables puits artésiens,
qui produisent de nouveaux ruisseaux sortant subitement du rocher par une crevasse, ou par un entonnoir. »

En 1822, 1835 et 1837, les côtes du Chili, depuis Valdivia jusqu'à Valparaiso, c'est-à-dire sur une étendue de plus de huit cents kilomètres, se sont manifestement élevées au-dessus des eaux, ainsi que plusieurs îles voisines : tout le fond de la mer, jusqu'à une distance considérable, s'éleva également. On vit alors, pour la première fois, des rochers sortir du sein des flots ; et des anses profondes, où mouillaient les vaisseaux d'un fort tonnage, ne furent plus praticables même aux chaloupes.

Dans l'Inde, en 1819, et aux îles Sandwich, en 1868, les terres se sont affaissées sur une vaste étendue, et des rivières, autrefois guéables, ont cessé tout-à-coup de l'être dans plusieurs parties de leur cours.

Sur les rivages des mers, les eaux, subitement projetées par un soulèvement de terrains, se trouvent soumises à de violentes oscillations, s'élèvent au-dessus de leur niveau ordinaire, font irruption sur les continents, balayent en se retirant tout ce qu'elles rencontrent, et brisent les uns contre les autres ou submergent les vaisseaux dans les ports. Les mouvements d'aller et de retour de ces vagues impétueuses, et les dislocations produites dans l'écorce solide du globe par les commotions souterraines, peuvent donner lieu à d'immenses divisions de terrains, à des dégats épouvantables. Qui oserait, en effet, donner aujourd'hui un démenti formel à Pline rapportant que la Sicile fut séparée de l'Italie par un tremblement de terre, que l'île de Chypre fut séparée de même de la Syrie, et celle de Négrepont de la Béotie ?... L'histoire de l'archipel grec, des îles du Japon, est remplie de détails sur les désastres produits par ces catastrophes.

L'épouvantable tremblement de terre qui, en 1868 a bouleversé toute la république de l'Équateur, est encore présent à la mémoire de tous. Les villes d'Otabalo et de Cotacachi, contenant, l'une douze mille et l'autre huit mille habitants, ont été englouties avec leurs populations, et l'emplacement où elles se trouvaient, fait aujourd'hui partie des abîmes. Arica, Iquique, Arequipa, Talcahuana, Ibarra et bien d'autres sont rasées: plus de soixante mille personnes ont péri. Soixante mille êtres humains rayés du livre de vie dans l'espace de quelques minutes!

Quand, dans une cité bouleversée par un tremblement de terre, la plupart des habitants, à la vue de leurs maisons secouées comme par la main d'un géant, affolés par l'épouvante, poussent des cris lamentables, s'élancent dans toutes les directions ou tombent à genoux invoquant la protection du ciel, il arrive souvent que les liens de la société se rompent, que les lois sont méconnues, et que les gens sans aveu profitent de ces malheureuses circonstances pour se livrer au pillage, augmentant ainsi les désastres de la nature par leurs déprédations. Les voleurs se précipitent dans les maisons abandonnées, se ruent parmi les décombres pour consommer, par le vol, et le pillage, la ruine de tout ce qu'à pu épargner la fureur des éléments. Il est pénible d'avoir à mêler au récit de pareils fléaux les détails de scènes odieuses qui les accompagnent presque toujours, malgré le dévouement et l'abnégation des honnêtes gens, impuissants, au milieu du bouleversement général, à réprimer ces désordres.

Les volcans. — Solfatares. — Fumarolles

La forme ordinaire d'un volcan est celle d'un cône régulier, au sommet duquel est une cavité circulaire, semblable à un entonnoir, appelée *cratère*, qui s'ouvre de l'intérieur du sol à la surface, et d'où s'échappent ordinairement des fleuves de roches fondues, des pluies de cendres et de sable, des torrents d'eau et de vase, des jets de gaz et de vapeurs. Cette forme conique est occasionnée par les substances lancées au dehors du cratère et descendant de tous côtés en s'amoncelant le long des flancs de la montagne.

Un volcan en éruption est considéré, dans les tremblements de terre, comme une porte de salut par laquelle se déchargent les matières accumulées dans l'intérieur du sol, et qui, sans cette issue, occasionneraient des commotions plus désastreuses.

On remarque en effet que, du moment qu'il s'opère une éruption quelque part, les commotions intérieures qui jusqu'alors avaient fait trembler le sol, deviennent à la fois moins fortes et moins nombreuses, ou même cessent entièrement. Par opposition, quand un volcan devient inactif, il est à craindre que les contrées environnantes ne soient désolées par des tremblements de terre. Les volcans sont donc des soupapes de sûreté naturelles destinés à prévenir le bouleversement complet du globe, et à empêcher qu'elle n'éclate en milliers de pièces, qui, lancées dans l'espace, pourraient y décrire de nouvelles orbites.

On distingue quatre classes de volcans : les volcans éteints, où la communication avec le centre incandescent a cessé depuis longtemps; les demi-éteints, où la communication n'est pas complétement obstruée, et qui laissent échapper des vapeurs à travers d'étroites fissures ; les intermittents, qui de temps à autre vomissent des matières fondues; enfin les volcans qui sont toujours en activité et lancent sans interruption des laves, du soufre et des cendres.

Les volcans éteints sont très-communs.

Ce sont de vastes cônes accumulés les uns sur les autres ayant leurs cratères d'éruption, leurs coulées de laves plus ou moins morcelées, des terrains présentant sur une longue étendue, dans les matières qui les composent, tous les vestiges d'une ancienne activité volcanique comme dans le midi de la France et sur les bords du Rhin : ce qui prouve que la surface terrestre a été jadis plus ou moins diversement modifiée par là puissance terrible de cet agent destructeur. Toutefois ils ne présentent aucun phénomène qui mérite d'être raconté.

Les gaz qui s'échappent des volcans à demi-éteints, se condensent au contact du froid de l'atmosphère et déposent certaines substances, telles que du soufre, ce qui leur a fait donner, en Italie, le nom de *solfatares*, et aux Indes occidentales, celui de soufrières. En certains cas, les parois des crevasses sont couvertes d'incrustations blanches, jaunes, orange et brunes. Dans d'autres, on rencontre de larges traces de soufre et de matières diverses, telles que le réalgar et l'orpiment, ou sulfures rouges et jaunes d'arsenic, de chlorure de fer ou de cuivre, de selenium, etc. La plus célèbre des solfatares est celle de Pouzzoles. sur la côte de Naples, qui remonte à la plus haute antiquité et ne paraît pas avoir présenté d'autres caractères que ceux qu'on y observe aujourd'hui.

Dans les volcans et les solfatares, à travers certains terrains calcaires, il se fait par les fissures des roches des éruptions de vapeurs à 100 degrés qui s'élèvent en colonnes blanches, parfois à une grande hauteur, en

Solfatare et fumarolle dans la Nouvelle-Zélande.

produisant, dans quelques cas, un bruit assez fort, comme si elles sortaient d'une chaudière à vapeur: ce sont des *fumarolles*. Ce phénomène ne présente nulle part une plus grande intensité qu'en Toscane, dans les collines calcaires de Monte-Gerboli, Castel-Nuovo et Monte-Rotundo.

Ces éruptions sont formées en grande partie d'acides sulfureux, carbonique, etc., qui occasionnent des toux violentes ou des suffocations. D'autres fois, c'est tout simplement de la vapeur d'eau qui se condense sur les buissons et que les chevriers recueillent pour leur propre usage et celui de leurs troupeaux.

A Java, de la solfatare éteinte nommée *Gueva-Ulpas* ou *vallée du poison*, s'échappe avec abondance le gaz acide carbonique. Si l'on s'aventure sur cette terre de désolation, on tombe immédiatement asphyxié : aussi le sol est-il couvert de squelettes de tigres, de chevreuils, de cerfs, d'oiseaux et même d'ossements humains, et la vallée est pour les habitants un objet de terreur.

Les jets de vapeurs, qui parfois se trouvent disposés sur une ligne de 30 à 40 kilomètres de longueur, trouvent leur explication dans la chaleur de plus en plus intense du globe, à mesure que l'on pénètre dans ses entrailles, et dans les crevasses plus ou moins profondes, à travers lesquelles les gaz échauffés, dilatés par la température ardente de l'intérieur, cherchent à se pratiquer une issue.

Les volcans intermittents ressemblent aux solfatares pendant leur période de repos. Seulement ils sont couverts de scories raboteuses, sonores et brillantes, et de petits cônes de fraisil qui cachent d'étroites ouvertures. Le fond du cratère est jonché de larges blocs de laves que les vapeurs brûlantes ont détachés des parois et qui ont pris une teinte blanchâtre.

Plusieurs phénomènes précèdent ordinairement une éruption volcanique : la terre s'agite plus ou moins violemment ; la mer se retire ; l'eau diminue dans les fontaines et les puits qui ne sont pas trop éloignés.

La poésie ancienne attribuait les éruptions de l'Etna

à une cause merveilleuse. C'était, disait-elle, dans son cratère que le dieu Vulcain, difforme et monstrueux forgeron, avait établi ses ateliers, après avoir été chassé du ciel; c'était là que, avec ses infatigables compagnons, les Cyclopes, qui faisaient sans cesse retentir les profondeurs de leurs cavernes du bruit répété de leurs lourds marteaux, il s'occupait habituellement de forger les foudres de Jupiter.

Après un violent craquement, s'il n'y a pas de commotions terrestres, l'ouverture du cratère est souvent déblayée par les vapeurs souterraines, et l'éruption commence. Pendant sa durée on entend un bruit sourd dans l'intérieur du volcan ; c'est un grondement continu comme celui de la mer en fureur, mais interrompu de temps à autre par de fortes détonations qui sont produites par l'explosion d'un gaz inflammable. La fumée blanche qui précède l'éruption devient peu à peu de plus en plus sombre et quand l'éruption commence, elle prend la teinte la plus noire. Elle croît ainsi en intensité et forme une colonne qui s'élève à une grande hauteur au-dessus de la crête du volcan. Au milieu de cette fumée, on voit des fragments de matières solides évidemment supportés et poussés par les vapeurs invisibles qui s'échappent du cratère. Ils sont vomis à des intervalles de quelques minutes, et avec un bruit retentissant; projetés en sens divers de la bouche gigantesque, ils offrent l'aspect d'une immense gerbe. Les uns retombent dans le cratère, les autres descendent, avec un bruit formidable, sur la pente de la montagne, où ils se brisent, projetant partout de nombreuses et brillantes étincelles. Mais la plus grande partie de la matière solide contenue dans la colonne de fumée consiste en cendres et sables appelés scories. En contemplant cette colonne pendant le jour,

Eruption du Vésuve.

l'esprit du spectateur est rempli de funestes pressentiments, et son émotion est tenue en suspens par l'appréhension. Mais dans la nuit, il est frappé d'un sentiment de respect mêlée de terreur; car la réflexion de la lumière produite par la lave en fusion illumine la colonne et la nuance des couleurs d'un nuage orageux doré par les rayons d'un soleil levant. La nuance de pierres et de rochers lancés au milieu de ce courant de flammes ou de fumée est convertie pendant une nuit noire en une magnifique colonne de feu dont l'intérieur offre le spectacle de millions d'étoiles s'agitant en tous sens.

Quand aux rochers succèdent des fragments plus légers et des cendres épaisses, la colonne de fumée s'élève de plus en plus à une grande hauteur, et alors elle s'élargit de tous côtés à sa partie supérieure, et forme ainsi un nuage circulaire qui paraît soutenu en son milieu par un léger pilier. Le tout ressemble à une ombrelle chinoise ou à un vaste champignon.

Dans la colonne et dans le nuage qui la domine, on voit à chaque instant briller des éclairs suivis de roulements de tonnerre. Après quelques heures de durée, le nuage se dissipe peu à peu, la colonne de cendre disparaît graduellement : l'éruption touche à sa fin.

Dans les intervalles de repos, les cratères des volcans en activité deviennent souvent des solfatares plus ou moins énergiques.

Les scories qui proviennent des éruptions ressemblent ordinairement à des gravelles inégales, raboteuses, trouées comme les résidus des hauts-fourneaux, et s'appellent en Italie *Lapilli*. Elles s'étendent aux environs des volcans en couches de plusieurs pieds d'épaisseur et l'on en sert pour fabriquer du ciment romain,

Les cendres sont composées de parties plus fines, et les volcans en vomissent des quantités incroyables. Dans l'éruption du Vésuve en 1822, les cendres continuèrent de tomber pendant 12 jours. Souvent la lumière du jour en est obscurcie ; les édifices accablés sous leur poids s'écroulent ; les habitants des villes voisines en sont étouffés ; témoins Herculanum et Pompéï. Mais, d'un autre côté, elles fertilisent le sol : aussi, dit-on, les dommages causés sont-ils largement compensés en quelques années.

Les cendres vomies par les cratères sont parfois emportées par les vents à des distances considérables, et telle est leur épaisseur que, quand elles flottent sur la mer, les navires ont de la peine à les traverser, et qu'elles interceptent la clarté du soleil et couvrent de ténèbres toute une contrée. En 1815, les cendres de l'éruption du Sumbawa furent portées à 290 lieues, jusqu'aux îles d'Amboine et de Banda ; celles du Vésuve, en 1794, allèrent couvrir les plaines plus éloignées de la Calabre.

Les plus remarquables volcans de l'Europe sont : l'Etna, en Sicile , le Vésuve en Italie , l'Hécla en Islande, le Stromboli et le Volcana, dans les îles Lipari.

Le Vésuve a eu 18 éruptions dans le cours d'un siècle. La plus terrible arriva en l'an 79 de notre ère. Elle détruisit les vignes et les terres cultivées qui ornaient les flancs de la montagne et engloutit les trois villes de Stabies, Pompeï et Herculanum. De nos jours on a fait des fouilles intelligentes sur l'emplacement de ces deux dernières villes, et on a retrouvé sous des amas de cendres des cadavres parfaitement conservés, des édifices, des palais, des monuments qui montrent à quel degré de luxe étaient arrivés les anciens Romains.

Les Canaries, les îles du Cap-vert, l'île Bourbon, les

îles de la Sonde, les Philippines, les îles du Japon, le
Kamtschatka, ont subi de violentes éruptions. Dans
l'île d'Havaï, l'une des Sandwich, se trouve un des
cratères les plus remarquables et les plus vastes que
nous connaissions: le volcan de Kirauéah, dont le
sommet est de 1178 mètres et dont la cavité immense
a, dit-on , seize kilomètres de tour. En 1840 , elle
ressemblait à une immense chaudière remplie de laves
en fusion, qu'assombrissaient des scories épaisses, ou
qu'éclairaient des colonnes jaillissantes de feu, s'élançant de plusieurs cratères en pleine activité dans
cette enceinte.

On supposait jadis qu'il ne devait se trouver des volcans actifs que sur les rivages des mers, et l'on croyait
que le centre de l'Asie en était exempt; on y en rencontre
cependant de très-élevés et de très-considérables.

En Amérique, le long des Cordillières des Andes, on
trouve des volcans actifs et nombreux, tels que le Coto-
paxi, le Chimboraço et le Pichincha, dans l'Équateur;
le premier a 6700 mètres d'élévation et le second 5875;
le volcan d'Aréquipa, dans le Pérou, a 5560 mètres.Tous
ces pics élevés produisent de violentes éruptions et de
redoutables tremblements de terre. Le Jorullo, situé à
l'ouest de Mexico, date environ de 1759.

Sa formation tient du merveilleux. A sa place existait, à cette époque, une plaine fertile et très-bien
cultivée. En juin 1759, on entendit des grondements
souterrains accompagnés de fréquentes secousses qui
durèrent cinquante à soixante jours. En septembre
tout rentra dans l'ordre habituel, lorsque le 29 du
même mois, les habitants furent très-surpris de voir
s'élever dans l'espace une éminence de 3 milles carrés et de 500 pieds de hauteur, qui, de son sommet,
lançait des blocs de rochers en feu et d'épais nuages de

cendres. La surface du sol s'agitait comme l'Océan pendant la tempête et il en sortait des cônes enflammés de six à huit pieds de hauteur. Les éruptions du volcan de Jorullo continuèrent jusqu'en février 1760; mais depuis cette époque, elles ont été moins fréquentes.

Les petits volcans ressemblent à de vastes taupinières qui, par leurs étroites embouchures, lancent de l'eau, de la vase et de l'air. Non loin du petit village indien de Turbaco, à vingt milles de Carthagène, dans l'Amérique du Sud, se trouvent une vingtaine de petits volcans s'élevant auprès les uns des autres dans une plaine marécageuse au bord d'une forêt. Ils ont de sept à huit mètres de hauteur et, aux environs, le sol, d'un gris noirâtre argileux, crevassé, est complétement privé de végétation. Plusieurs d'entre eux vomissent avec un bruit sourd de l'air et de l'eau, deux ou trois fois par minute. Ces espèces de fontaines intermittentes ne manquent jamais d'eau, même dans les saisons les plus sèches ; et dans leurs cavités on puise facilement avec un bâton de six ou huit pieds. C'étaient autrefois des volcans de feu ; mais, disent les naturels du pays, arriva un jour un religieux qui les aspergea d'eau bénite, éteignit les flammes et les changea en volcans d'eau.

Volcans boüeux

L'action des divers gaz qui s'échappent des solfatares produit sur les matières solides environnantes une complète désorganisation : ils les décomposent, les divisent, les réduisent en poussière, en bouillie ; aussi, quand on s'approche des soufrières ou des *soufflards*, faut-il prendre les précautions les plus minutieuses pour ne pas tomber dans des masses de matières boueuses qu'a produites la dégradation des roches et des terrains. « Mais, raconte M. Beudant, rien n'est comparable sous ce rapport aux volcans de Java ; les vapeurs aqueuses, qui y sont d'une abondance extrême, détruisent toutes les roches, et en forment une pâte qui bientôt ne peut plus résister à l'action explosible de l'intérieur. Il se fait alors d'épouvantables éruptions, non plus de laves comme dans les volcans ordinaires, mais des masses énormes d'eau bouillante, chargée d'acide sulfurique et de limons épais, qui détruisent, entraînent tout sur leur passage, et couvrent tout une contrée de fange sulfureuse dont la matière est désignée sous le nom de *Ruach* : c'est ce qui est arrivé en 1822, lors de l'éruption du Gallung-Gung, qui, au milieu des tremblements de terre et d'horribles grondements, fut considérablement abaissé, tronqué au sommet, et entièrement bouleversé. Il sortit de ses flancs crevassés des torrents d'eau chaude, sulfureuse et boueuse, et un nombre considérable d'habitants furent entraînés par les eaux ou ensevelis sous des

dépôts de vase, pendant les journées des 8 et 12 octobre. »

Près de Quito, dans l'Amérique du Sud, et dans tout
le Pérou, où les tremblements de terre sont fréquents
et terribles, les volcans, au lieu de laves, ont vomi
parfois des torrents de boue assez considérables pour
couvrir de limon des villages et des contrées entières.
Ce qu'il y a d'étrange dans ces éruptions, c'est que les
eaux bourbeuses qui s'élancent des entrailles de la
terre sont remplies de petits poissons, dont l'espèce
vit dans les lacs du voisinage, ou que Humboldt suppose
s'être multipliés dans les cavités souterraines des cratères.

Volcans sous-marins

Non-seulement les phénomènes volcaniques se ma--
nifestent au milieu des terres par des soulèvements
du sol, semblables à d'immenses gibbosités, et par
des excavations plus ou moins vastes, par des
crevasses profondes, mais encore on a constaté ces
bouleversements jusqu'au sein des mers.

Les navigateurs rencontrent, dans certains endroits
de l'Océan, des îles qui, par leur configuration irrégu-
lière, la forme de leurs rochers noircis, la sombre
beauté de leur aspect, montrent assez leur origine
volcanique. Elles sont sorties du sein des flots par la
force irrésistible d'un volcan sous-marin.

Bien avant notre ère, les écrivains ont décrit des
exemples d'éruptions sous-marines, à la suite de violentes commotions souterraines. Ordinairement, à l'approche de ces phénomènes, les flots, dont la température devient très-élevée, se mettent en ébullition ; les
matières déposées au fond des mers s'élèvent au
dessus des eaux et nagent à leur surface, au milieu de
jets de vapeur et de fumée. Puis apparaît un point
noir, du sommet duquel des gerbes de matières incan-
descentes s'élancent avec violence ; ce point s'accroît
lentement, et là où il y avait une profondeur de plusieurs centaines de mètres, on voit apparaître une île
véritable. Telle l'île de Julia en 1831, au sud-ouest de
la Sicile ; Royoslaw, en 1814, dans l'archipel Aléou-

tien ; Hiéra, 186 ans avant Jésus-Christ ; l'île de Santorin dans la Méditerranée, etc...

Mais beaucoup de ces îles, minées sans doute par les vagues et succombant sous leur propre poids, finissent par disparaître après un temps plus ou moins long, et, si, à leur place, on jette la sonde, on trouve une profondeur de 100 à 200 mètres et quelquefois un abîme sans fond.

Les Geysers

Les *Geysers* sont des sources d'eau bouillante, les unes continues, les autres intermittentes, qui jaillissent à une hauteur plus ou moins grande.

Les sources thermales qu'on rencontre en tant de lieux sur la surface de la terre s'expliquent facilement si l'on considère que, comme nous l'avons dit, la température s'accroît en raison de la profondeur. Alors, par les crevasses profondes ouvertes par les tremblements de terre, par les soulèvements et les affaissements du sol, les eaux arrivent à la surface avec la température qui correspond à celle du point où elles se produisent, et l'on sait qu'il ne faut que 3 kilomètres pour qu'elles soient bouillantes.

Les plus remarquables se trouvent en Islande, île située dans l'océan Boréal, au milieu d'un pays de glace et de neige, et qui présente de nombreuses traces de l'action volcanique.

Ces sources sont fréquentes dans plusieurs parties des côtes, aussi bien que dans l'intérieur de l'île, et en certains endroits, les eaux de l'Océan en sont sensiblement échauffées. Mais les plus célèbres se voient dans le nord de l'île, où sur un espace de deux ou trois cents mètres carrés il en existe jusqu'à 50. Les unes lancent de l'eau claire comme le cristal, d'autres des vapeurs brûlantes et de l'eau trouble.

Le grand Geyser, qui a surtout attiré l'attention, jaillit d'un monticule de terre pierreuse amoncelée par les eaux à la hauteur de dix mètres sur soixante-dix de largeur. Au sommet du monticule est un bassin de 20 mètres de diamètre sur trois et demi de profondeur, au centre duquel se trouve l'orifice par où s'échappent les eaux. Le bassin et l'ouverture sont entourés de petits cailloux polis par l'action constante des eaux. De l'ouverture s'élance, de demi-heure en demi-heure, une colonne d'eau bouillante de six mètres de diamètre, qui s'élève parfois à cinquante mètres de hauteur. L'éruption est précédée de sourds grondements, semblable au bruit du tonnerre ; la terre tremble, l'eau bouillonne avec furie. L'immense nuage de vapeur qui l'accompagne cache en partie la beauté du spectacle ; mais, quand il est chassé par le vent, on voit la colonne se diviser en mille jets et former en retombant en pluie fine comme un pin gigantesque et superbe. Souvent elle descend tout à coup comme si sa force était épuisée, mais reprenant bientôt une énergie nouvelle, elle jaillit avec de sourds grondements que répètent les échos d'alentour. Elle jaillit pendant 10 minutes environ, et alors le spectacle est d'une beauté indescriptible. Toute l'atmosphère environnante est enveloppée d'une fumée épaisse qui s'accumule en tourbillons à mesure qu'elle s'élève, traverse les colonnes d'eau et les divise en écume qui s'échappe de toutes parts. Une grande partie de l'eau se vaporise et le reste tombe sur la terre en pluie écumante. A mesure que les jets s'élancent du bassin, l'eau s'irise des plus brillantes couleurs. C'est parfois un bleu clair et étincelant, parfois un vert d'émeraude. Mais au point le plus élevé de l'ascension, toutes les couleurs se confondent, et les jets, brisés de mille manières, apparaissent aussi blancs que la neige ; les uns s'élancent perpendiculairement, les autres se courbent

Les geysersd'Islande.

en cônes magnifiques. L'éruption continue ainsi, changeant de forme à chaque instant, jusqu'à ce que ses forces finissent par s'épuiser. L'eau alors s'abaisse dans l'ouverture pour jaillir de nouveau quelque temps après avec la même violence et la même majesté.

Le Grisou

Le gaz des mines et des houillères est un carbure d'hydrogène gazeux, composé de 75 parties de carbone et de 25 d'hydrogène. Il brûle tranquillement, avec une flamme jaunâtre, tant qu'il n'est pas en contact avec l'air atmosphérique; dans le cas contraire, il détone avec violence. Comme il est plus léger que l'air, il occupe à la partie supérieure des cavités souterraines. En France, les mineurs le désignent sous le nom de *grisou*, *brisou* ou *terrou*, et l'inflammation prend le nom de *feu grisou*.

Quand ce gaz s'enflamme dans l'intérieur des mines, il produit de terribles désastres, et malgré la lampe de sûreté, inventée par Davy, célèbre chimiste anglais, qui prévient ou neutralise en grande partie les effets du feu grisou, on n'a que trop souvent encore à déplorer la mort d'ouvriers tués par l'explosion ou enfouis sous les décombres.

Le gaz hydrogène carboné ou grisou est abondant à la surface de la terre. Dans les plus riches mines de houille, il se dégage continuellement de la masse du combustible ; il y a des couches dans lesquelles il existe en si grande quantité, qu'il suffit d'y percer un trou pour en provoquer un jet violent, continu, que, dans quelques endroits, les mineurs tiennent toujours allumé pour s'en débarrasser.

Dans certains endroits il s'échappe avec une grande quantité d'argile délayée par l'eau et souvent impré-

Les puits de feu du temple de Bakou.

gnée de sel marin, ce qui a fait donner à ces sources le nom de *salzes*. En Sicile, entre Arragona et Girgenti, il existe des salzes considérables qu'on nomme *maccalubes*; mais c'est surtout autour de la mer Caspienne, près de Bakou, que les phénomènes se présentent en grand; il suffit, pour se procurer un jet de gaz, de percer un trou d'un mètre ou deux de profondeur. C'est là que les Guèbres ou adorateurs du feu ont établi le siége de leur religion, et les temples qu'ils ont élevés en cet endroit sont connus du monde entier.

Lorsque ces jets de gaz, mélangés de pétrole plus ou moins épais, se trouvent accidentellement enflammés, ils continuent de brûler plus ou moins de temps, jusqu'à ce que de grandes averses, de grands coups de vent viennent les éteindre. On les nomme alors *feux naturels, fontaines ardentes.* Il y a de ces feux qui brûlent depuis les temps les plus anciens ; tels sont ceux du mont Chimère, sur les côtes de l'Asie Mineure; au pied des Apennins, ceux de Velleja, de Pietra Mala, de Barigazza. Ils sortent le plus souvent des crevasses de la terre; mais quelquefois, comme auprès de Cumana, les flammes s'échappent par l'orifice des cavernes et s'élèvent à plus de trente mètres. Les sources de gaz et de pétrole de l'Amérique du Nord ont maintenant une réputation universelle, et leur exploitation produit des sommes énormes.

Dans le lac d'Ilsing, en Livonie, se trouve une île qui paraît au dessus de la surface de l'eau et disparaît périodiquement.

Pendant les chaleurs de l'été, il se produit une fermentation considérable de gaz dans le sol composé de charbon, et alors on voit surgir de l'eau une énorme masse noirâtre qui prend la forme d'une vessie gonflée. Dans les étés où la chaleur dure longtemps, cette île singulière se couvre d'herbes et de plantes aquatiques. Mais aussitôt que les nuits commencent à être fraîches, le développement du gaz diminue. Peu à peu on voit l'île se dégonfler et disparaître au fond de l'eau avec l'apparition des premiers froids. Les paysans de la contrée disent alors qu'elle **va** faire son sommeil d'hiver.

PHÉNOMÈNES AQUEUX

PHÉNOMÈNES AQUEUX

Brouillards et nuages

Les secrets de la nature sont innombrables, et souvent le hasard se charge de les révéler. C'est en présence d'une marmite fermée de son couvercle que Papin découvrit la force de la vapeur; c'est à la suite de cette découverte que Fulton appliqua cette force à la locomotion des navires, ou plutôt des bateaux à vapeur, sur les eaux du Mississipi, dans l'Amérique du Nord, où il était allé porter le progrès méconnu chez nous.

Quelle est la cause réelle de cette force? La science l'ignore. Mais cette force existe, nul ne peut aujourd'hui la nier, puisque nous voyons la vapeur faire mouvoir d'énormes machines, entraîner sur les eaux, sur les voies ferrées, des milliers de quintaux, puisque nous voyons les gaz, qui ne sont que des essences de nature diverse réduites en vapeur, soulever des montagnes, fendre des rochers, puisque nous voyons l'électricité, qui n'est sans doute que la quintessence de toutes les substances, franchir en une seconde cent trente-cinq mille lieues, fondre les métaux que ne peuvent fondre les forges les plus ardentes, les réduire en vapeur, les volatiliser, porter la pensée humaine en un clin d'œil sur tous les points du globe, correspondre, pour ainsi dire, avec la volonté de Dieu.

Pour tout homme la nature est un monde immense où la pensée trouve toujours à s'instruire.

Un jour, nous nous trouvions chez un de nos amis qui habite la campagne; à notre retour d'une promenade au milieu des champs où nous étions allés entendre les premiers chants de l'alouette, voir verdir les premiers tapis de gazon, mêler nos joies aux joies de la nature fêtant le retour du printemps, nous aperçûmes le fils de la maison, un enfant encore, accroupi, et pour ainsi dire en contemplation devant un vase d'eau placé sur un réchaud allumé. L'enfant paraissait tellement occupé qu'il ne s'aperçut point ou sembla ne pas s'apercevoir de notre entrée.

Quand il se réveilla de sa muette contemplation, son front était soucieux.

C'est alors seulement qu'il nous aperçut.

— Expliquez-moi, nous demanda-t-il, ce qui se passe là... Je n'y comprends rien.

Voici ce qu'il avait observé, et ce dont sa jeune intelligence ne pouvait se rendre compte encore :

Du vase rempli d'eau en ébullition s'élevait une vapeur grisâtre, épaisse, qui remplissait toute la chambre, mais diminuait d'intensité à mesure qu'elle s'éloignait du vase, pour se refroidir insensiblement et se condenser contre les corps froids, tels que les vitres des fenêtres, en contact immédiat avec l'air extérieur, beaucoup plus froid que l'air chauffé de la pièce.

Nous montrant les vitres, il nous dit:

— Elles se sont d'abord ternies, puis il s'est produit de petites gouttelettes qui, réunies à d'autres, ont formé de vrais ruisseaux, coulant sur le verre comme celui qui coule dans la prairie. Les grands fleuves, dont parle ma géographie, ont-ils la même cause?

— Dans la vapeur qui s'échappe de ce vase, lui dis-je, et qui, par le refroidissement, redevient ce qu'elle était, c'est-à-dire eau, chacun a une image, assez faible, il est vrai, de ce qui se passe dans les milieux atmosphériques et à la surface du sol. L'eau sur le feu, c'est l'océan chauffé par le soleil; la vapeur, voilà les brouillards, les nuages; cette eau qui coule sur les vitres, voilà les ruisseaux, les rivières, les fleuves.

Les brouillards se forment lorsque l'air, contenant le plus possible de vapeur d'eau, vient à se refroidir par une cause quelconque; alors cette vapeur d'eau se condense, se transforme en vésicules très-petites et creuses comme de légères bulles de savon, occupe les basses régions de l'atmosphère et en trouble la transparence. Quand nous sommes entrés dans cette chambre, c'est à peine si nous t'avons aperçu au milieu du brouillard épais qui la remplissait. Tels les brouillards qui, en automne, obscurcissent le ciel et rendent les journées si ternes, si désagréables aux promeneurs.

Les vésicules dont ils se composent sont de petits globules arrondis, blanchâtres, de petites bulles d'air humide enveloppées par une pellicule d'eau extrêmement mince. Elles sont nécessairement creuses à l'intérieur; car, si l'on supposait que ce sont des gouttelettes d'eau, elles devraient décomposer les rayons du soleil qui les traversent, et donner naissance au phénomène de l'arc-en-ciel. Ce qui n'a pas lieu.

On distingue facilement ces vésicules en faisant bouillir une dissolution colorée, comme du café, et en observant à la loupe les vapeurs qu'elle émet. On peut même les distinguer en se plaçant dans un brouillard un peu épais et en mettant à quelque distance de la loupe une surface noirâtre sur laquelle on les voit rebondir comme des balles élastiques.

Lorsque les vents entraînent ces vapeurs sans les disperser à des hauteurs plus élevées où il fait froid, elles subissent un premier refroidissement ; elles s'accumulent et présentent ces grosses et belles masses qui revêtent tant de formes grandioses et bizarres, et qu'on appelle les nuages.

On peut facilement se convaincre de cet abaissement de la température sur les points élevés, soit en parcourant les montagnes, soit en regardant avec une longue-vue les cîmes toujours couvertes de glace et de neiges éternelles. Ainsi au pied du Mont-Blanc, qui s'élève à 4810 mètres au dessus du niveau de la mer, la chaleur est suffocante ; mais à mesure que l'on gravit les flancs de ce cône gigantesque, la chaleur diminue, et insensiblement on arrive à une région où cesse toute végétation, toute verdure, où commencent les neiges, les glaces accumulées par les siècles.

Outre les brouillards ordinaires, il y a, dans les régions polaires, une sorte de brouillards, nommés brouillards secs, qui enveloppent continuellement ces contrées glacées; il y en a d'autres qui accompagnent généralement les éruptions volcaniques, et qui ne sont sans doute que des cendres ou de la fumée rejetées par les volcans. Les brouillards secs des pôles ressemblent à une poussière terreuse, pour ainsi dire impalpable, dont on ignore la nature.

Les nuages ne diffèrent des brouillards que par ce qu'ils occupent les hautes régions de l'atmosphère ; ce sont des amas de vapeurs plus ou moins épais, quelquefois tout à fait immobiles et le plus souvent emportés par des courants d'air.

Les uns ressemblent à de petits filaments déliés,

blanchâtres ; on dirait de la laine cardée ou des flocons de neige, ou des cheveux crépus. Leur apparition annonce presque avec certitude que le temps va changer.

Différentes formes des nuages.
* Nimbus. ** Cirrus. *** Cumulus. **** Stratus.

On les nomme *cirrus*. Ils sont très-élevés ; leur hauteur va souvent jusqu'à 6500 mètres ; ils se composent très-probalement de flocons de neige qui flottent dans l'air.

Les autres, arrondis, présentent l'aspect de montagnes entassées les unes sur les autres et couvertes de neige ; formés le matin, ils se dissipent généralement le soir ; si, au contraire, ils deviennent plus nombreux, s'ils sont surmontés de vapeurs cotonneuses, on doit s'attendre à de la pluie ou à des orages. On les appelle *cumulus*.

D'autres n'ont aucune forme caractéristique, mais une teinte d'un gris uniforme avec des bords frangés, ce sont des nuages de pluie, ou *nimbus*.

Les nuages appelés *stratus* ont la forme d'une bande horizontale, large et continue, qui se montre au coucher du soleil et disparaît à son lever. On les voit fréquemment en automne et rarement au printemps, et ils sont moins élevés que les autres dans l'atmosphère.

La hauteur des nuages est très-variable ; en moyenne elle est de 1200 à 1400 mètres en hiver et de 3000 à 4000 en été. Mais on a observé des nuages orageux qui ne s'élevaient qu'à quelques centaines de mètres au dessus du sol.

La pluie

Quand les nuages, balancés par le vent, sont chassés
dans les régions plus froides de l'espace, la masse d'air
humide se condense, se transforme en gouttelettes,
comme sur les vitres des croisées, et tombe sous
forme de pluie.

Les neiges éternelles déposées sur les cimes des
hautes montagnes, les glaciers, la pluie, filtrant à travers les couches terrestres, donnent naissance aux fontaines, alimentent les ruisseaux, les rivières, les fleuves;
ceux-ci rendent à la mer les eaux qui, de nouveau
changées en vapeur par la chaleur du soleil, recom-
mencent le même voyage pour le continuer sans
cesse.

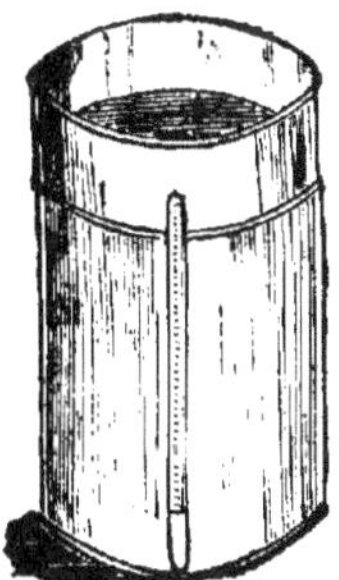

Pluviomètre.

On mesure la quantité de pluie qui tombe annuel-
lement dans un lieu au moyen d'un appareil qu'on
nomme *pluviomètre*. Il se compose d'un vase en métal
dans lequel on recueille la pluie; un tube de verre

placé à l'extérieur, communique avec le fond du vase et les divisions qu'il porte gravées sur sa hauteur indique l'épaisseur de la couche d'eau tombée. Ainsi, à Paris, il tombe chaque année, en moyenne, 56 centimètres d'eau à la surface du sol, c'est-à-dire que, si l'eau qui tombe dans le cours d'une année restait à la surface de la terre sans s'y infiltrer et sans s'évaporer, elle formerait une couche de 56 centimètres de hauteur.

On entend souvent dire qu'il pleuvra lorsque le vent souffle de l'ouest ou du sud, et que le temps sera beau quand c'est le vent du nord ou de l'est : la cause s'explique facilement. Du côté du couchant, la France est baignée par l'Océan, du côté du sud par la Méditerranée ; il faut bien que les vents qui soufflent de ces deux côtés amènent des nuages ou de la pluie, puisque les nuages sont formés des vapeurs qui s'élèvent de la surface des mers. Au levant et au nord ce sont des terres qui bornent la France ; les vents qui soufflent de ces côtés sont des vents secs, qui ne peuvent pas nous amener de nuages.

Comme, dans nos climats, les changements de temps coïncident, le plus souvent, avec les variations de la pression atmosphérique, le baromètre peut servir à indiquer, avec une certaine probabilité, le beau ou le mauvais temps, suivant qu'il monte ou descend. Si la colonne de mercure monte ou descend lentement, c'est-à-dire pendant deux ou trois jours, elle annonce, dans le premier cas, le beau temps, et, dans le second, la pluie. Il résulte d'un grand nombre d'observations que ces indications sont alors extrêmement probables.

Outre les pluies ordinaires, il y a encore plusieurs autres sortes de pluies, dont quelques-unes sont encore mal connues et mal interprétées.

Les pluies *de sang* sont dues, soit à des gouttelettes

de liqueurs rouges déposées par les papillons au sortir de leur chrysalide, soit à des matières colorantes particulières telles que l'oxyde de fer, le chlorure de cobalt ou diverses espèces de cryptogames.

Pour donner une idée des circonstances qui accompagnent quelquefois ces météores, nous choisirons comme exemple la pluie rouge qui est tombée le 14 mars 1813 dans le royaume de Naples et dans les deux Calabres.

Par un vent d'est qui soufflait depuis deux jours, les habitants de Gérace aperçurent une nuée dense s'avancer de la mer sur le continent. Or deux heures après midi, le vent se calma ; mais la nuée couvrait déjà les montagnes voisines et continuait à intercepter la lumière du soleil ; sa couleur, d'abord d'un rouge pâle, devint ensuite d'un rouge de feu. La ville fut alors plongée dans des ténèbres si épaisses que, vers les quatre heures, on fut obligé d'allumer des chandelles dans l'intérieur des maisons. Le peuple, effrayé par l'obscurité et par la couleur de la nuée, courut en foule dans la cathédrale faire des prières publiques. L'obscurité alla toujours en augmentant, et tout le ciel parut de la couleur du fer rouge; le tonnerre se mit à gronder, et les mugissements de la mer, bien qu'éloignée de huit kilomètres de la ville, augmentèrent encore l'épouvante. Alors on vit tomber de grosses gouttes de pluie rougeâtres, que les uns regardèrent comme des gouttes de sang et les autres comme des gouttes de feu. Enfin aux approches de la nuit, l'atmosphère s'éclaircit, la foudre cessa ses roulements, et le peuple rentra dans sa tranquillité ordinaire.

Les volcans, dans leurs éruptions, comme nous l'avons déjà dit, lancent d'énormes quantités de cendres qui, emportées par les vents, vont tomber parfois à de grandes distances et forment ce qu'on appelle les *pluies de cendres*.

Le pollen des conifères, tels que le pin, le sapin, le cèdre, le genévrier, le thym, l'if, etc., enlevé dans les airs, couvre, en tombant, le sol d'une poussière jaunâtre, ce qui a fait donner à ce prétendu phénomène le nom de *pluie de soufre*.

Quand il a plu abondamment, les crapauds et les grenouilles sortent en grand nombre de leurs retraites; lorsqu'une trombe puise l'eau d'un étang ou d'un marais et emporte dans ses tourbillons puissants tout ce qu'ils contiennent, il n'est pas rare de voir en certains endroits le sol couvert d'une grande quantité de ces batraciens : on dit alors qu'il est tombé une *pluie de crapauds et de grenouilles*.

Les historiens, outre les pluies de pierres et de sauterelles dont nous parlerons, mentionnent encore des pluies noires, jaunes, des pluies de suie. Mais la cause en est inconnue, parce que ces phénomènes n'ont pas été l'objet de sérieuses recherches.

Rosée

Quand, dans une pièce chaude et humide, on apporte une carafe d'eau fraîche, les vapeurs de l'air se condensent sur ses parois : c'est le phénomène de la rosée.

La rosée n'est donc autre chose qu'un dépôt de vapeur sous forme de gouttelettes, qu'on trouve souvent le matin sur les plantes. Pendant le jour, tous les corps qui sont dispersés à la surface du sol ont été échauffés par les rayons du soleil. La nuit (quand elle est calme et sereine), les corps qui se trouvent dans un lieu découvert émettent vers les espaces célestes une assez grande quantité de calorique et n'en reçoivent que peu en échange ; ils se refroidissent ainsi d'une manière sensible, et la vapeur d'eau contenue dans l'atmosphère se dépose sur leurs surfaces en forme de gouttelettes.

Il faut que la nuit soit sereine ; car, si le ciel est couvert de nuages, ces nuages, dont la température est moins basse que celle des espaces planétaires, renvoient le calorique vers la terre, et les corps ne se refroidissent pas assez pour que la rosée puisse se former.

Il faut que la nuit soit calme ; car, si le vent est fort, il favorise l'évaporation de l'eau qui pourrait se déposer sur la surface des corps.

Il y a peu de rosée sur les corps qui sont abrités par des murs, des arbres ou d'autres objets, parce que, sous ces abris, les corps se refroidissent moins et qu'alors la vapeur d'eau ne se condense pas à leur surface.

Dans nos climats, la rosée est peu abondante pendant l'hiver et l'été ; c'est au printemps, mais surtout en automne qu'elle se forme le plus abondamment, à cause de la différence plus grande entre la température du jour et celle de la nuit.

Sous les tropiques, où les pluies ne tombent qu'à des époques fixes, et où le ciel reste pur et sans nuages sept à huit mois de suite, les rosées du matin sont très-abondantes, et suppléent aux eaux de pluie. C'est que, si les jours sont chauds, les nuits, en revanche, sont froides, et elles condensent les vapeurs sollicitées par les rayons ardents du soleil des tropiques.

Serein

La rosée commence à se déposer, dès le coucher du soleil, quelques moments avant le crépuscule. Elle porte à cet instant le nom de serein. C'est une pluie fine formée par la vapeur suspendue dans les couches atmosphériques, qui, se condensant sur les vêtements, par exemple, les imprègne d'humidité ; c'est ce qui fait dire improprement que le serein tombe. Les effets du serein pourraient devenir dangereux pour les personnes qui passeraient la nuit en plein air.

Le serein donne lieu aux fièvres intermittentes, probablement parce qu'il favorise, comme dans les localités marécageuses, l'éclosion d'insectes microzoaires, qui, s'introduisant avec l'air respirable dans les poumons, nuit à l'oxygénation régulière du sang.

Gelée blanche

La gelée blanche ou le givre n'est pas autre chose que la rosée congelée. C'est surtout dans les nuits fraîches du printemps et de l'automne qu'ont lieu les gelées blanches ; et souvent elles sont funestes, à cause des désordres qu'elles occasionnent dans les plantes. Les jeunes pousses, ainsi que les boutons des arbres, contiennent de l'eau qui se congèle par le rayonnement nocturne. Comme cet accident arrive spécialement les nuits où le ciel est serein, et, par conséquent, où la lune paraît dans tout son éclat, c'est à la lune, dite *lune rousse*, qui commence sa révolution au mois d'avril et la finit au mois de mai, qu'on attribue vulgairement des désastres dus uniquement au rayonnement nocturne des plantes.

D'ailleurs, pour éviter ces effets désastreux, il suffit de placer au dessus des plantes qu'on veut protéger soit de la paille, soit une toile légère, soit des paillassons. Ces écrans empêchent le rayonnement et par conséquent l'abaissement de température. Dans quelques pays de montagnes surtout, on a l'habitude d'allumer pendant la nuit de grands feux de foin ou de paille et de produire ainsi, par la fumée, de véritables nuages qui garantissent les récoltes d'un refroidissement meurtrier.

Neige, verglas, grésil, grêle

La neige résulte, comme la pluie, du refroidissement des nuages. C'est de la vapeur d'eau, congelée et cristallisée dans les hautes régions de l'atmosphère dont la température est au dessous de zéro. Les cristaux, en tombant par un temps calme, se forment en flocons, qui se réunissent et produisent presque toujours des espèces d'étoiles régulières à trois ou six rayons également inclinés. Leurs variétés paraissent être de plusieurs centaines.

La neige peut se liquéfier ou s'évaporer en passant dans les régions inférieures plus chaudes que celles où elle s'est congelée ; aussi n'est-il pas rare de voir tomber de la neige sur une montagne et de la pluie sur les plaines environnantes.

Le verglas est une mince couche de glace fournie par une pluie peu abondante, qui se congèle en tombant sur une terre froide. Le phénomène se produit surtout en hiver ; il rend la marche difficile et glissante, d'où résultent des chutes qui sont souvent funestes. Mais quand l'hiver assombrit la nature, que tout est monotone et triste, que le sol s'est revêtu d'un épais manteau de neige ou d'une couche transparente de verglas, les enfants, par un contraste frappant, saluent de mille cris de joie l'arrivée des petites mouches blanches, et se livrent alors, avec leur folle gaieté, à leurs amusements favoris, les boules de neige et les glissades.

La neige rend aussi un grand service à l'agriculture ;

elle sert d'écran à la surface du sol ; elle prévient la gelée profonde du sol, et les jeunes pousses de blé, abritées sous son manteau, peuvent braver la rigueur des frimas.

On a trouvé de la neige rouge dans les contrées boréales, dans les Alpes, et en Amérique. Cette teinte est due à une poussière rouge déposée sur la neige et qui n'est autre chose qu'une espèce de champignons qui se développent et végètent seulement sur la neige.

Fleurs de la neige.

Le grésil, qui est aussi de l'eau solidifiée, est formé de petites aiguilles de glace entrelacées et pressées les unes contre les autres, de manière à produire des espèces de petites pelotes assez compactes. On en attribue la formation à la congélation brusque des gouttelettes des nuages dans un air agité.

La grêle est un amas de globules de glace compactes, plus ou moins volumineux, qui tombent de l'atmosphère.

On ignore encore comment se forment ces grêlons

qui, dans nos climats, tombent principalement au printemps et en été, aux heures les plus chaudes de la journée, et avant les pluies d'orage. Leur chute dure peu de temps, mais ce peu de temps suffit pour causer les plus grands dégâts et détruire en un instant les espérances de la récolte.

On explique néanmoins de cette façon, sans pouvoir l'affirmer positivement, la formation de la grêle. Deux nuages superposés, chargés d'électricités différentes, l'un de l'électricité positive, l'autre de l'électricité négative, attirent mutuellement les gouttelettes de vapeur, qui tour à tour attirées et repoussées, ont un mouvement rapide de va et vient entre les deux nuages, s'unissent, forment des masses et finissent, en raison du poids acquis, par tomber sur le sol. Mais dans leur rapide mouvement de va et vient dans les couches extrêmement froides de l'atmosphère, elles se sont congelées, et ont formé des grêlons plus ou moins gros.

Tourbillons

Dans certains endroits des fleuves ou des mers, les eaux obstruées par des rochers ou des îles, entravées dans leur cours par les vents ou les courants, acquièrent un mouvement giratoire et forment ce qu'on appelle un tourbillon.

Les plus célèbres sont le *Maëlstroom*, sur les côtes de la Norwége, et le gouffre de Charybde, dans le détroit de Messine, entre la Sicile et l'Italie.

Le Maëlstroom est situé non loin des îles Loffoden. Ces îles, avec un grand nombre d'autres plus petites, forment une espèce d'enclos, au milieu duquel s'élève un roc inhabité. Au moment du flux et du reflux, les eaux de l'Océan se précipitent entre ce rocher et la chaîne des îles et produisent le tourbillon, vaste cercle où les vaisseaux sont exposés aux plus sérieux dangers, quand au flux et au reflux se joint un vent violent de l'ouest, qui repousse les vagues et en accroît l'agitation ordinaire. Alors, le gouffre produit un bruit semblable au fracas d'une cataracte, et que l'on entend à plusieurs lieues de distance. Toutefois quand le vent et la marée n'excitent pas sa colère, les pêcheurs de morue le traversent sans crainte, et j'en ai vu qui, montés sur de petites barques, voguaient au milieu de ses flots agités, et jetaient leurs lignes, sans avoir l'air de redouter beaucoup leur terrible voisin.

Dans le détroit de Messine, les eaux rapides coulent du nord pendant six heures, et du sud six autres heu-

res, et ainsi alternativement, au moment du lever et
du coucher de la lune. Quand le vent est léger, un
vaisseau peut y naviguer sans crainte, bien qu'il
soit ballotté fortement par les vagues, mais si le vent
s'élève, il entraîne les eaux dans un mouvement circulaire, et le gouffre de Charybde devient fatal aux petits navires, et même aux gros vaisseaux, qui sont ou
jetés sur les côtes de l'Italie ou brisés sur les rochers
de Scylla. Au choc des flots contre les rochers on
croirait entendre les aboiements de chiens en fureur,
qui se disputent les membres de marins naufragés
sur ces côtes.

Charybde, dit la fable, était une Sicilienne qui, pour
avoir volé des bœufs à Hercule, fut frappée de la foudre par Jupiter et changée en un gouffre profond. La
nymphe *Scylla* fut métamorphosée, par la célèbre ma-
gicienne *Circé*, en un rocher de la forme d'une femme,
ayant à ses flancs six chiens monstrueux qui aboyaient
sans cesse. Les plus habiles navigateurs avaient peine
à s'éloigner du gouffre sans être jetés contre le rocher;
et de là vint le proverbe si connu : « Tomber de Charybde en Scylla. »

Les tourbillons sont très-communs dans les rivières
et les fleuves dont le cours est sinueux ou obstrué par
des bancs de sables. Plus d'un nageur, trop confiant
dans sa force et son habileté, se trouve entraîné par la
rapidité du tournant et meurt après avoir fait d'inu-
tiles efforts pour échapper à ses étreintes. Ces tourbillons causent aussi de graves dommages en minant les
piles qui soutiennent les ponts ou en sapant la maçonnerie des digues.

Trombes d'eau

Parmi les plus terribles phénomènes des mers sont les trombes d'eau.

Une trombe en mer.

Le premier symptôme de l'apparition d'une trombe, est, en général, une agitation violente des eaux au-

dessous de quelque nuage sombre. Sur un espace
d'environ cent mètres de diamètre, les flots tournent
avec une grande rapidité en se dirigeant sans cesse
vers le centre, où s'accumule une énorme masse d'eau,
ou de vapeurs aqueuses, qui s'élèvent en forme de
cône, tandis que le nuage s'abaisse lui-même en un
cône semblable mais dans une position renversée de
façon telle que les nuages semblent humer la mer. Ces
deux cônes se réunissent par leur sommet et forment
une colonne continue de la mer aux nuages, qui, pous-
sée çà et là par le vent, offre un imposant spectacle.
On la dirait creuse, et cependant la marche de l'eau à
l'intérieur peut être parfois aperçue distinctement : elle
produit l'effet de la fumée dans une cheminée. Au milieu de ce bouillonnement des flots, les navires sont
dans un danger imminent: aucun ne peut échapper
si le tourbillon le saisit et l'enveloppe ; les petits
vaisseaux surtout sont exposés à une entière destruction. Pour échapper au péril qui les menace, les marins n'ont guère d'autre ressource que de couper à
coups de canon le monstre qui les entraîne dans sa
course dévorante.

Les dimensions, la durée et le mouvement des
trombes varient beaucoup. Elles sont toujours accompagnées d'effets électriques, et, dans certains cas, d'une
odeur de soufre. Même en pleine mer, l'eau des trombes
n'est jamais salée, ce qui prouve qu'elles sont surtout formées de vapeurs condensées, et non de l'eau de
la mer élevée par aspiration. Leur origine n'est pas
connue. Les uns admettent qu'elles sont dues principalement à deux vents opposés qui passent à côté l'un
de l'autre ; d'autres les rapportent à une cause électrique.

Courants marins

Les courants marins sont nombreux et il en est de très-grands : les uns ont un mouvement qui se manifeste à la surface, d'autres à une certaine profondeur seulement, d'autres enfin dans toute la profondeur de la mer.

Les plus grands courants connus sont celui qui porte les eaux des tropiques d'Orient en Occident, c'est-à-dire dans une direction contraire à celle de la rotation du globe, et celui qui porte les eaux du Nord vers l'Équateur.

Le premier existe dans l'Océan pacifique, comme dans l'Océan atlantique ; celui-ci part du golfe du Mexique et suit les côtes de l'Amérique du Nord jusqu'au banc de Terre-Neuve, que l'on suppose formé par d'immenses quantités de détritus entraînés par lui. Ce même courant entraîne en même temps des myriades d'insectes servant à l'alimentation des morues qui viennent frayer dans les eaux chaudes du courant.

Les Anglais lui ont donné le nom de *Gulf-stream*, qui signifie *courant du golfe*.

Il n'a pas moins de quarante kilomètres de largeur sur trois cents mètres de profondeur et voyage avec une vitesse de deux lieues à l'heure.

Parti du golfe du Mexique entre la Floride et Cuba, il remonte au nord jusqu'au banc de Terre-Neuve, où il rencontre le grand courant polaire et se sépare en deux branches qui vont au pôle boréal désagréger les glaces que charrie du nord au midi le courant polaire.

L'une des branches du torrent équatorial, détourné de sa course par le courant froid du pôle, dérive à droite, et va se diviser encore en diverses branches, dont l'une remonte sous les glaces du pôle et l'autre redescend le long des côtes de l'Angleterre, de l'Irlande, de la France et de l'Espagne, pour revenir à l'Équateur.

L'Océan pacifique a également un courant qui remonte de l'Équateur au Nord, longe les Philippines et les côtes du Japon, et dérivant à droite va, après avoir porté la chaleur et la vie jusqu'au fond des mers polaires, redescendre le long des côtes occidentales de l'Amérique septentrionale.

Le nombre des courants sous-marins est sans doute incalculable, et ces courants ont une influence considérable sur la direction des vents.

La mer a ses fleuves, ses rivières et, me servirai-je de cette expression, ses ruisseaux et ses sources.

Les courants chauds vont porter de l'Équateur au Nord le calorique qui désagrége les banquises et rétablit une sorte d'équilibre de température entre les eaux des mers équatoriales et des mers polaires.

En vertu des lois naturelles, nous verrons plus loin, dans les phénomènes aériens, que l'air chaud tend à s'élever et que l'air froid tend de son côté à le remplacer. Il est alors facile de s'expliquer la raison des courants aériens réguliers dont la marche est en raison de la marche suivie par les courants océaniens.

Nous renvoyons donc le lecteur aux pages où nous avons traité de la marche des vents.

Le courant boréal entraîne souvent avec lui d'énormes glaçons détachés des montagnes de glace de la mer Boréale, et qui souvent descendent jusqu'aux tropiques avant de fondre complétement.

Ces courants ont donc, ainsi que nous venons de le dire, une action très-appréciable sur la direction des vents qui, on le sait, soufflent des régions plus froides vers les régions plus chaudes, puisque l'air chaud, plus léger que l'air froid, tend continuellement à s'élever et est remplacé par l'air froid.

Sources pétrifiantes. Stalactites. Stalagmites

Certaines sources contiennent en dissolution des matières calcaires qui, à la longue, s'attachent et adhèrent, pour ne former qu'un corps avec eux, à tous les objets déposés dans le lit où elles coulent. Ces matières calcaires adoptent la forme de ces objets, en sorte que les sources pétrifiantes sont fort curieuses à visiter. Les mousses qui en tapissent les bords présentent de charmantes pétrifications ; les feuilles tombées des arbres en automne, et arrêtées par un brin d'herbe, par une branche d'arbre, se couvrent peu à peu de matières calcaires, qui prennent exactement l'empreinte des feuilles et en conservent le caractère et la forme.

Le Côte-d'Or possède plusieurs sources pétrifiantes : la plus connue, appelée fontaine de Jouvence, est située à une douzaine de kilomètres de Dijon, sur le flanc boisé d'une haute montagne. Les eaux de cette source se précipitent de deux à trois mètres sur un lit de mousse dont les parties mouillées sont autant de pétrifications. D'ailleurs, ce lit qui paraît creusé dans une roche spongieuse, fera bientôt lui-même partie de cette roche qui n'est qu'une série de pétrifications de mousse superposées.

La petite rivière de Fontaine-froide, près de Savigny-sous-Beaune, jouit du même privilége, et les amateurs de pétrifications y déposent des objets divers, des

feuilles, des branches d'arbre, des herbes de toutes
sortes et des mousses, qu'ils vont retirer après quelques
mois. Ils se font ainsi de charmantes collections, don

La grotte d'Antiparos.

ils ornent leur salon, leur cabinet de travail ou leur
bibliothèque.

L'Auvergne est également fort riche en sources pétrifiantes et chacun connaît la fameuse fontaine de Saint-Allyre dont les dépôts successifs ont fini par produire un pont naturel duquel jaillit la fontaine.

La formation des stalactites et des stalagmites est due à la même cause que les pétrifications. Vous n'avez pas été sans voir quelque caverne, ornée de longues pointes de pierre semblables aux glaçons suspendus aux toits des maisons. Au dessous de ces pointes, nommées stalactites, s'élèvent du sol des pointes qui tendent à les rejoindre et les rejoignent à la longue pour former des colonnades larges à la base et au sommet et étroites au milieu.

Les secondes, celles dont la base repose sur le sol, sont les stalagmites.

Elles sont produites par les eaux qui filtrent à travers les roches poreuses, dont elles entraînent les matières calcaires solubles, pour en abandonner une partie à la paroi supérieure ou dôme de la grotte ou caverne, et une partie sur la surface du sol.

La stalactite et la stalagmite, croissant ainsi chaque jour, finissent par se rejoindre pour former une sorte de colonne.

Certaines grottes contiennent des milliers de colonnes formées de cette façon, et offrent à l'œil émerveillé l'aspect de palais féeriques.

C'est encore la même cause qui produit la croissance des pierres, vers lesquelles l'affinité porte les substances calcaires en dissolution, pour faire corps avec elles et en augmenter le volume.

Les dépôts calcaires ou marneux, appelés *Tufs,* que déposent de temps immémorial des sources pétrifiantes, sont plus ou moins grossiers, plus ou moins tendres. Les roches poreuses et friables qui en résultent servent à faire des meules de moulin, ou donnent une excellente pierre à bâtir. Plusieurs des splendides édifices de Rome sont construits en *Travertin*, espèce de tuf, blanc ou jaunâtre, qui a la propriété de durcir à l'air et qu'on exploite en grand près de Tivoli.

A Vichy-les-Bains, on trouve une pierre calcaire qui a beaucoup d'analogie avec le travertin, connu et employé pour la construction par les anciens Romains.

Toute la partie occidentale de l'Asie-Mineure est couverte de sources pétrifiantes, et les rivières même sont chargées de substances minérales. Dans l'emplacement de l'antique cité d'Hiéropolis, on admire une masse imposante de rochers en tuf, ressemblant de loin à une immense cascade de glace. La surface en est ondoyante, comme de l'eau à jamais fixée et soudainement pétrifiée dans sa course téméraire. Aux alentours sont plusieurs récifs élevés, nus, pierreux. Le sommet de l'un d'eux forme un large bassin, d'où coule, dans un petit canal ondulé, un mince filet d'eau claire et chaude. On raconte que, pour protéger et clore les vignes et les jardins d'Hiéropolis, il était simplement nécessaire de conduire les eaux dans de petits canaux qui, insensiblement, se trouvaient remplis de pierre et formaient un mur solide. On y découvre de nombreuses éminences, des fortifications, une route même, chaussée large et haute, formées de pétrifications.

LES PUITS ARTÉSIENS

Les eaux thermales, les sources et les lacs d'eau bouillante

Les puits artésiens, les sources thermales et les lacs d'eau bouillante n'ont pas d'autre cause générale que les geysers.

Les pluies qui tombent à la surface du sol, suivant les couches de terrains rencontrées, descendent parfois à d'énormes profondeurs sans trouver d'issue; elles at-

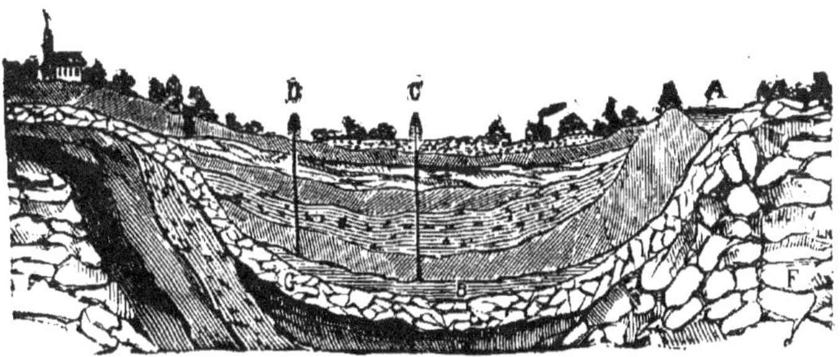

Théorie des puits artésiens.

A Lit d'un ruisseau. B Nappe d'eau souterraine alimentée par des fissures. A F G Couches imperméables. C D Puits forés.

teignent ainsi les couches de terrains sur lesquelles agit avec une force suffisante la chaleur intérieure du globe, pour les amener à l'état d'ébullition.

Mais après avoir atteint ces couches, elles se trouvent en présence de pentes venant en sens inverse, et remontant à la surface du sol, naturellement, comme dans les sources thermales et les lacs d'eau bouillante de la Nouvelle-Zélande, les geysers d'Islande, et la fontaine de Vaucluse, ou, artificiellement, comme dans les puits artésiens, qu'obtient l'industrie humaine en creusant le sol à de grandes profondeurs. Le puits de Grenelle, à Paris, en est un remarquable spécimen.

Le Te-Ta-Rata, source d'eau bouillante à la Nouvelle Zélande.

On trouve dans toutes les contrées du globe des sources thermales. L'Auvergne en possède un grand nombre, en raison de son sol volcanique. Vichy, Bagnères-de-Luchon sont trop connus pour qu'il en soit parlé davantage. La Côte-d'Or en possède une à Premeaux, près de Nuits; mais nul ne songe à en tirer profit, bien qu'elle jouisse de qualités curatives très-remarquables: il en est de même d'ailleurs de la belle source minérale de Santenay, village situé dans une vallée pittoresque, sur la ligne du Creuzot. Les propriétés purgatives n'en sont guère connues que sur un rayon de quelques lieues. C'est d'ailleurs un fait commun à beaucoup de sources semblables pour lesquelles on a omis ou négligé toute la mise en œuvre industrielle et commerciale qui assure le succès de la plupart d'entre elles.

Les sources minérales acquièrent leurs propriétés curatives en traversant certaines couches de terrains chargés de sels de diverse nature qu'elles dissolvent à la longue et dont elles se saturent plus ou moins complétement.

Sources intermittentes

Il existe des sources qui donnent de l'eau jusqu'à certaines époques ou à des intervalles plus ou moins longs; on les rencontre surtout dans les terrains calcaires.

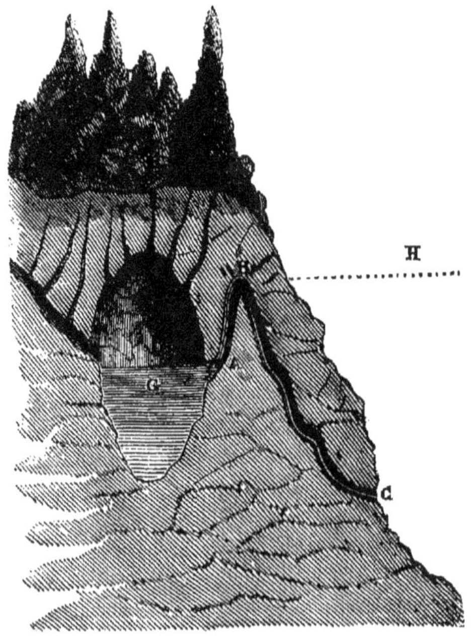

Théorie des fontaines intermittentes.

A Naissance du syphon. B Coude du syphon. C Sortie de l'eau. G Niveau ordinaire de l'eau. H Niveau que l'eau doit atteindre pour se répandre au dehors.

C'est que le bassin souterrain qui les produit, après avoir alimenté le passage, trop vaste, par où elles jaillissent, cesse momentanément de couler, et la source varie jusqu'au moment où le bassin rejette de nouveau son trop plein.

A l'époque des grandes pluies, certains bassins, subitement remplis, dégorgent avec abondance leur trop plein dans ces siphons naturels; et la source jaillit avec la force d'un torrent ou d'un geyser.

Parmi les plus remarquables, on cite la fontaine intermittente de Côme (Italie), celle de Colmars (Basses-Alpes), le Puits de la Brême, près d'Ornans (Doubs), le Froid-Puits, près de Vesoul (Haute-Saône), la fontaine du pont d'Oléron, le torrent de Genet, à Beaune (Côte-d'Or).

Ajoutons à cette liste le Trou-Jeannin, à Cusey, près de Prauthoy (Haute-Marne), l'une des sources les plus remarquables peut-être de toutes celles dont nous venons d'écrire les noms, et dont on n'a pas encore parlé.

Le Trou-Jeannin paraît être l'orifice d'un cratère: constamment plein d'eau, il est d'une telle profondeur que nul jusqu'à ce jour n'a pu s'en rendre compte. A l'époque des grandes pluies ou de la fonte des neiges, l'eau jaillit du milieu du trou de la dimension d'une énorme cuve et à une hauteur qui varie entre cinq et dix mètres.

Les icebergs et les banquises

Les icebergs sont d'énormes masses de glace que l'on rencontre communément dans les régions arctiques et antarctiques, flottantes pour la plupart et entraînées par les courants à des distances considérables des lieux où elles ont été formées.

Ces montagnes offrent au regard les formes les plus fantastiques : palais, clochers, colonnes, minarets, ogives, pyramides, tourelles, coupoles, arcades, créneaux, volutes, frontons, assises colossales, sculptures délicates comme celles qui courent sur les piliers de nos cathédrales. Dans les détroits d'Hudson, de Davis, dans la baie de Baffin et dans les autres parties de l'Océan boréal, on en trouve en grand nombre et d'une hauteur énorme: on dirait parfois une mer hérissée de montagnes. Ces glaces qu'aucune poussière n'a jamais souillées, aussi immaculées aujourd'hui qu'au premier jour de la création, sont teintes des couleurs les plus vives; ici, ce sont des rochers de pierres précieuses, là, c'est l'éclat du diamant, ou les nuances éblouissantes du saphir et de l'émeraude, confondues dans une substance inconnue et merveilleuse. Le capitaine Ross dit qu'il est presque impossible d'imaginer une variété de nuances plus parfaites; la nuit, aussi bien que le jour, elles brillent d'un éclat que l'art ne pourrait imiter; certaines parties ont tout le brillant de l'argent; d'autres resplendissent des couleurs de l'arc-en-ciel.

Dans l'Océan antarctique, on rencontre de ces icebergs qui paraissent composés de tables, de couches superposées, dont les parois, dira-t-on, ont été taillées avec le ciseau. D'autres, dit le capitaine Hudson, ressemblent à des arcades élevées, colorées de diverses nuances, conduisant dans de profondes cavernes, dans lesquelles, à la marée montante, les vagues se précipitent en faisant entendre le sourd grondement d'un lointain tonnerre. Des bandes d'oiseaux entrent dans ces cavités et en sortent, poussant des cris divers ; on se croirait au milieu des ruines d'une abbaye, d'un château féodal, et çà et là une saillie énorme, hardie, s'avance couronnée de pinacles, de tourelles, ressemblant à un donjon gothique. Un peu plus haut, on aperçoit une large fissure, comme si un pouvoir surhumain eût coupé en deux ces masses énormes. Le clapotement des vagues contre le vaisseau, le bruit de nos voix même étaient répétés par ces murailles massives et d'une blancheur éclatante. Cet ensemble étrange et merveilleux, la palette ne peut le reproduire, la description ne peut le faire comprendre. Imaginez une immense cité en ruines, des palais d'albâtre, de toutes formes, de toutes nuances, des piliers énormes, des édifices groupés ensemble, des rues longues, les traversant en tous sens, et vous aurez encore une bien faible idée de la grandeur et de la beauté du spectacle.

En naviguant dans les mers où les icebergs abondent, le pilote est nécessairement impressionné à la vue du spectacle imposant qui l'entoure, et doit se figurer que rien, si ce n'est la bonté toute-puissante du Créateur, ne peut diriger son vaisseau au milieu de ces montagnes flottantes, et l'empêcher d'être brisé entre leurs masses. Aussi devons-nous supposer que plusieurs des navires dont, chaque année, on ne reçoit aucune nouvelle, ont eu le triste sort d'être broyés contre des icebergs.

La chaleur du soleil, la marée qui soulève et brise les icebergs avec un bruit terrible, les énormes morceaux qui de temps à autre se détachent des parties inférieures et peuvent, en remontant à la surface, trouer la cale du navire, les courants rapides qui se forment autour de leurs flancs, le balancement de la masse, qui produit des vagues capables de faire sombrer les petites chaloupes, l'action corrosive de l'eau salée qui lentement creuse, désagrége toutes les parties du bloc et finit par en détacher des morceaux gigantesques voilà quelques-uns des nombreux dangers auxquels sont exposés les navigateurs dans ces régions où le froid exerce son empire.

Toutefois les baleiniers ne craignent pas de s'amarrer à ces falaises de glace pour se protéger soit contre la violence des vents, soit contre les icebergs moins gros que les rapides entraînent, et pour faire parfois provision d'eau douce; car, dans leurs cavités profondes, les icebergs renferment de l'eau pure et fraîche, tombant souvent sur les côtés en belles cascades.

Beaucoup de vaisseaux sont, tous les ans, occupés dans ces parages à la chasse des veaux marins, des ours et autres animaux qui se servent de ces îles flottantes, comme de véhicules, pour se faire transporter d'un rivage à l'autre.

Ces étranges voyageurs des mers glaciales, sortis des vallées polaires, sont à la fin divisés, désagrégés, comme nous l'avons dit, par la chaleur du soleil et par l'action de l'eau, ou se brisent les uns contre les autres avec un fracas épouvantable. M. Scoresby assista un jour à la débacle d'une de ces montagnes.

Une banquise dans les mers polaires.

« La mer, dit-il, arrivant gonflée du nord-ouest, pendant quelques heures, détacha un grand nombre de fragments de l'iceberg. A mesure que nous ramions avec force, dans l'intention de nous approcher de sa base, quelques petits morceaux tombèrent du sommet, puis une immense colonne de 50 pieds carrés environ, et de 150 de hauteur, se détacha, se renversa majestueusement, et, avec une rapidité croissante, tomba dans la mer en produisant une vapeur, une fumée, comme celle d'une forte canonnade. Le bruit se prolongea semblable à celui du tonnerre, et cette colonne, aussi grosse qu'une église, se brisa en mille pièces. »

Dans les régions des pôles, l'hiver sévit de 7 ou 8 mois de l'année, pendant lesquels le froid est très-intense. La surface de l'Océan se transforme alors en une masse spongieuse qui, sous l'influence de la gelée, devient peu à peu solide, épaisse, s'étend dans toutes les directions et donne naissance à de vastes plaines de glace de plusieurs centaines de milles d'étendue, que l'on nomme des banquises. Quand la chaleur de l'été parvient à désagréger ce plancher immense, le premier vent violent qui mouvemente les eaux jette les glaçons les uns contre les autres et expose les navigateurs aux plus sérieux dangers.

« La mer, raconte un navigateur, hérissée de glaces aiguës, clapote bruyamment ; les pics élevés de la côte glissent et tombent dans les golfes avec un fracas épouvantable ; les montagnes craquent et se fendent : les îles de glace, en se brisant, produisent des bruits éclatants, semblables à des décharges de mousqueterie, et changent de forme à chaque instant ; par un mouvement brusque, la base devient sommet, une aiguille se transforme en un champignon, une colonne imite une immense table, une tour se change en un escalier; et tout cela est si prompt et si inattendu qu'on songe malgré soi à quelque volonté surnaturelle présidant à ces transformations subites. C'est terrible et magnifique; on croit entendre le chœur des abîmes du vieux monde préludant à un nouveau chaos. »

Enfin, pour donner une idée plus complète de ces écueils des régions polaires, nous empruntons à M. Xavier Marmier la brillante description suivante :

« La *banquise* n'est point, comme on se le figure généralement, une mer de glace unie, compacte ; c'est un amas de blocs gigantesques chassés par la tempête, emportés par le courant, qui flottent comme les vagues, s'agglomèrent, s'attachent l'un à l'autre et quelquefois se disjoignent. A une certaine distance, on ne distingue pas, il est vrai, leurs aspérités; et toutes ces lignes échancrées, tortueuses, irrégulières, apparaissent comme une surface plane et continue ; mais, à mesure qu'on en approche, ces glaces se dessinent sous les formes les plus élégantes et les plus variées. Les unes projettent dans les airs des pics aigus, comme des flèches de cathédrales ; d'autres sont arrondies comme une tour, crénelées comme un rempart ; celle-ci ouvre ses flancs aux flots impétueux qui la fatiguent; elle se creuse, se mine, s'élargit comme une voûte et ressemble à une arche de pont ; celle-là se dresse au milieu des autres comme un palais de roi; elle a ses murailles de granit, ses colonnades, sa terrasse italienne, et le soleil qui la colore la rend éblouissante comme un de ces temples d'or où demeuraient les dieux scandinaves. Souvent aussi, au milieu de cet océan désert, sous ce rude ciel du nord, on retrouve des formes de végétation empruntées à d'autres climats. On aperçoit des plantes qui semblent se balancer sur leur tige, des arbres qui penchent vers les vagues leur feuillage, et des animaux qui dorment sur leur lit de glace. Quelquefois les Européens ont vu, dans cette nature fantastique, l'image des lieux qu'ils venaient de quitter. Des maisons construites symétriquement, alignées comme dans une rue, leur apparaissaient de loin. Des bancs à dossiers semblaient les appeler à prendre du repos, des tables se dressaient devant eux. Ni les bouteilles au long cou, ni les verres, ni la nappe effrangée, rien n'y manquait. Mais un instant après, l'image trompeuse disparaissait comme par enchantement, et une autre image venait la remplacer.

Ce qui ajoutait encore à l'effet produit par tant de points de vue bizarres, c'est l'admirable couleur de ces glaces, c'est le bleu transparent et le bleu limpide et velouté qui les revêt. A côté de ces tons, de ces couleurs si pures, si lumineuses, l'azur du ciel paraissait pâle, et l'émeraude de la mer était terne.

Mais pour ceux qui devaient la franchir, cette banquise avait un aspect effrayant ; de loin, le regard du matelot contemplait ces remparts de glace élevés l'un derrière l'autre comme des chaînes de montagnes; on n'entrevoyait pas un espace libre, pas un chemin ; seulement de temps à autre, une gorge étroite comme un défilé ; c'était là qu'il fallait s'engager, c'était là qu'il fallait faire manœuvrer le bâtiment. "

Les marées

La mer, cette immense étendue d'eau salée qui couvre plus des trois quarts du globe, et à l'inconstance de laquelle les hommes confient leurs jours pour aller, sur ces frêles esquifs, chercher la fortune ou porter dans les contrées lointaines les produits du sol et de leur industrie; la mer, ce vaste trait-d'union entre l'ancien et le nouveau monde, est soumise non-seulement à l'action puissante des vents et des orages, mais encore à des oscillations périodiques, en vertu desquelles les eaux s'élèvent et s'abaissent alternativement toutes les six heures.

Si, à un certain moment de la journée, vous visitez un de nos ports de l'Océan, vous serez tout surpris, tout désappointés, d'avoir sous les yeux un tout autre spectacle que celui que vous vous étiez promis. La mer s'est retirée, laissant les bassins à sec. Où vous croyiez trouver le mouvement et la vie, règnent la mort et le désordre : tout est calme, monotone, hideux même; les barques, les navires sont couchés, renversés dans une boue noire et fangeuse; à voir ce chaos dans sa laideur, on dirait qu'une tempête a soufflé sur le port la désolation et la ruine.

Mais allez à vos affaires et revenez quelques heures plus tard : tout s'est métamorphosé comme sous la baguette d'un puissant magicien; la mer a reconquis son domaine; dans le port règne une fiévreuse activité; mille barques le sillonnent en tous sens; et les vaisseaux tout à l'heure, renversés pêle-mêle, dressent maintenant leur mâture perpendiculairement. Les uns partent pour un lointain voyage , emportant des adieux d'autant plus affectueux qu'ils peuvent être éternels ; d'autres font gaiement leur entrée dans le port; on accourt sur le rivage; on les salue, et plus d'un cœur attend avec impatience l'arrivée des passagers et des matelots. Qui donc a changé ce cloaque infect en une eau profonde et limpide? qui donc est la cause de cette animation, de ce mouvement étrange des hommes et des choses? c'est la lune, c'est le soleil.

Ce phénomène est un effet des lois de l'attraction universelle formulées ainsi par Newton : Tous les corps s'attirent entre eux en raison directe de leurs masses et en raison inverse du carré de leurs distances. Cette force, qui régit l'univers, s'exerce sur tous les corps, dans quelques conditions qu'ils se trouvent. Elle s'appelle *gravitation*, quand elle préside aux mouvements des corps célestes dans l'espace; *pesanteur*, quand on la considère comme entraînant les corps terrestres vers le centre de notre globe, et *attraction moléculaire*, quand elle s'exerce entre les particules des corps à des distances insensibles. C'est par elle que les planètes tournent autour du soleil, que la lune tourne autour de la terre, parce que le soleil attire les planètes, parce que la terre attire la lune, et réciproquement. On comprend que cette force attractive, assez puissante pour agir sur les mondes dans l'espace, doit exercer une action plus sensible sur les corps fluides que sur les corps solides, parce que les molécules des premiers glissent plus facilement les unes sur les autres. On voit donc que le soleil et la lune, en passant au dessus des eaux de la mer, doivent en élever ou abaisser le niveau, suivant qu'elles subissent ou non leur influence attractive.

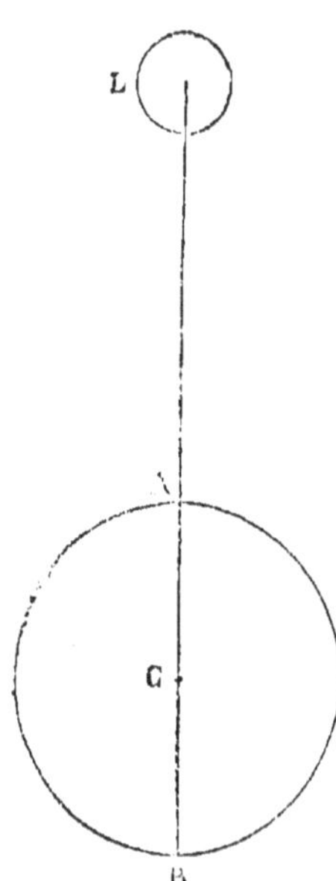

Explication théorique des marées.
L la lune. C La terre. A et B Points sur lesquels la marée est la plus forte·

Ce mouvement alternatif et journalier des eaux de la mer, qui couvrent et abandonnent successivement le rivage, prend le nom de marée. Chaque jour les eaux montent lentement et sans interruption durant six heures douze minutes, inondent les côtes et se précipitent dans l'intérieur des fleuves jusqu'à de grandes distances de leurs embouchures : c'est le *flux* ou la *marée montante*. Après être parvenues à leur hauteur, elles restent quelques instants en repos ; c'est le moment de la *haute* ou *pleine* mer, et la plus grande activité règne alors dans les ports. Peu à peu, un courant contraire s'établit, l'eau retourne à l'Océan, elle commence à descendre, et, durant six heures douze minutes, le niveau s'abaisse ; c'est le *reflux* ou la *marée descendante*. Quand elle est arrivée à la fin de son étape elle reste un moment stationnaire; c'est l'heure de la *basse* mer ou de la marée *basse*. Ce va-et-vient recommence alors pour se reproduire éternellement, de telle sorte qu'on a le spectacle journalier de deux hautes mers et de deux basses mers.

Les fortes marées ont lieu à la nouvelle et à la pleine lune parce qu'alors le soleil et la lune attirent en même temps et exercent dans le même sens leur action combinée ; tandis que les marées faibles ont lieu quand la lune

La barre de la Seine à Villequier

est au premier ou au dernier quartier, parce qu'alors les deux astres agissent dans des directions perpendiculaires et que leur attraction se neutralise. Toutefois, ce n'est pas au moment même où ces astres exercent leur action que l'effet s'observe : l'interruption de la surface des mers par les continents et les îles, qui contrarie le flux et le reflux ; le frottement des flots sur les côtes et au fond des abîmes de l'océan, qui ralentit et trouble les oscillations, enfin mille autres causes accidentelles, telles que la configuration des rivages, la direction des courants, la puissance des vents, modifient l'heure et l'élévation des marées qui, dans nos ports, arrivent généralement le lendemain des phases de la lune.

Non-seulement chaque mois n'a pas des marées égales en hauteur, mais certains mois ont les marées les plus fortes de l'année : les mois de février, de mars et d'avril sont les mois où les marées sont les plus hautes.

Les eaux renfermées dans des bassins étroits n'ont pas de marées appréciables; celles de la mer Caspienne, de la mer Noire, par exemple, et même de la Méditerranée sont à peine sensibles.

L'*heure de l'établissement*, c'est-à-dire le moment fixe pour chaque rade pendant lequel la mer est haute, le jour de la nouvelle et de la pleine lune, est très-important à connaître ; car c'est alors souvent le seul instant où il y ait assez d'eau près des côtes pour qu'on puisse en approcher sans danger.

Tout ce qui est exposé à la fureur des flots: les côtes plates et sablonneuses, les falaises qu'on trouve sur les rivages de France et d'Angleterre et dans toutes les parties du monde, les rochers abrupts, les promontoires et les îles attestent par des érosions, des déchirures, des excavations profondes, des décombres étranges, des modifications infinies, l'action puissante des vagues et des marées.

On appelle *raz de marée*, le bouillonnement des eaux, produit dans certains endroits de la mer par la rencontre de deux marées, de deux courants opposés. Il y a parfois, près de certaines côtes, des raz de marée très-violents. Le choc est tel que la terre tremble sous les pieds, que les digues les plus solides ne peuvent résister, et que les navires sont jetés sur les côtes ou brisés contre es rochers. Le raz de marée précède quelquefois ces effroyables ouragans qui désolent les contrées des tropiques, et presque toujours il les accompagne.

La *barre d'eau* est une vague élevée, transversale, que produit le choc des eaux des grands fleuves, descendant avec force contre les eaux de la mer qui remontent par l'effet de la marée. Dans le fleuve des Amazones, cette vague s'élève jusqu'à 15 mètres ; les indigènes l'appellent *prororaca*. Dans la Seine, on en ressent l'effet jusqu'à Rouen. Dans la Gironde, la barre remonte au delà du bec d'Ambez et se fait sentir à la fois dans la Garonne et dans la Gironde. Les riverains la nomment *mascaret* ou *macaret*, sans doute parce qu'elle pénètre jusqu'au bourg de Saint-Macaire, sur la Garonne.

PHÉNOMÈNES AÉRIENS

PHÉNOMÈNES AÉRIENS

Les vents

Lorsque, pendant l'hiver, vous êtes dans une chambre bien fermée et devant un bon feu, vous entendez souvent un bourdonnement assez fort et continu, qui semble venir de la porte d'entrée. Éteignez le feu de la cheminée ou du poële, ou bien ouvrez la porte, et le sifflement n'aura pas lieu. Quelle en est donc la cause ? Le feu échauffe l'air contenu dans la cheminée ou dans le tuyau du poële; cet air échauffé devient plus léger et s'y élance avec rapidité. L'air de la chambre le remplace aussitôt, et, l'équilibre étant rompu avec l'extérieur, l'air du dehors se précipite en sifflant à travers les croisées et les fentes étroites de la porte, pour prendre la place de celui de la chambre d'abord, puis de celui qui monte dans la cheminée.

Ces phénomènes donnent une idée de ce qui se passe dans l'atmosphère. Le soleil échauffe plus ou moins les différentes contrées de la terre : ainsi la France supporte des chaleurs moins fortes que les régions de l'équateur, sur lesquelles le soleil darde perpendiculairement ses rayons; si donc la température s'élève sur une certaine étendue, l'air en contact avec lui s'échauffe, se dilate, monte et laisse un vide que vient aussitôt remplir l'air des contrées froides.

Les vents ont donc pour cause une rupture d'équilibre dans quelque partie de l'atmosphère, rupture qui résulte toujours d'une différence de la température entre les pays voisins.

La vitesse du vent est plus ou moins grande; on la

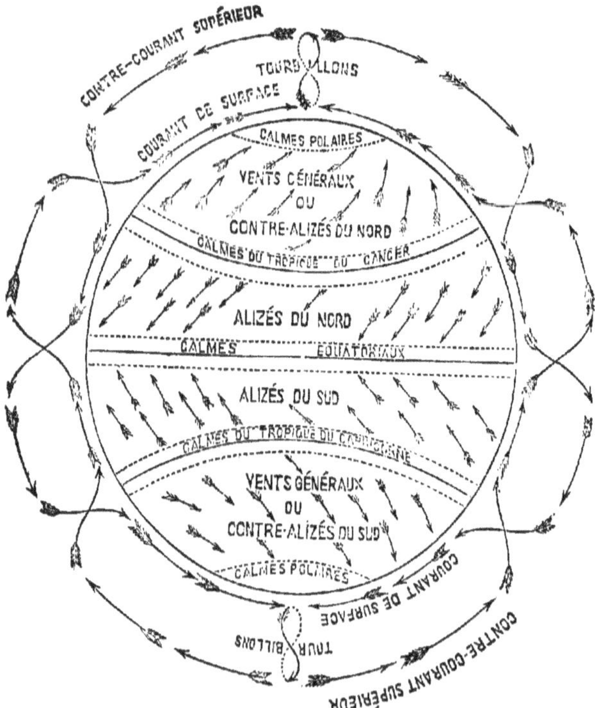

Carte des vents d'après le commandant Maury.

mesure au moyen d'un petit moulin à ailettes que le vent fait tourner. Du nombre de tours faits en un temps donné on déduit la vitesse. Dans nos climats, la vitesse moyenne est de 5 à 6 mètres par seconde. Avec une vitesse de deux mètres, le vent est modéré ; avec

10 mètres, il est frais; avec 20 mètres, il est fort ; avec
25, il y a tempête; avec 40 mètres, ouragan.

On peut classer les vents en trois grandes divisions:
les vents réguliers, les vents périodiques et les vents
variables.

Les *vents réguliers* ou *vents alizés* soufflent toute
l'année dans une direction sensiblement constante,
loin des côtes, dans les régions de l'équateur, du nord-
est au sud-ouest dans l'hémisphère boréal, et du sud-est
au nord-ouest dans l'hémisphère austral. Ils suivent
des deux côtés de la ligne équatoriale, jusqu'à trente
degrés de latitude, la direction du mouvement apparent
du soleil, c'est-à-dire de l'est à l'ouest. On les explique
par l'échauffement qui se produit de l'orient vers l'occident par la rotation de la terre.

Les *vents périodiques* sont des vents qui soufflent régulièrement dans la même direction, aux mêmes saisons et aux mêmes heures de la journée: tels sont les
moussons, le smoun ou simoun et la brise.

Les *vents variables* sont des vents qui soufflent tantôt
dans une direction, tantôt dans une autre, sans qu'on
puisse constater aucune loi qui préside à leur direction.
Plus on avance vers les pôles, plus ils sont irréguliers,
et, dans la zône glaciale, les vents soufflent parfois de
plusieurs points de l'horizon. Le contraire arrive
quand on s'avance vers la zône torride. Dans le nord de
la France, en Angleterre et en Allemagne, c'est le vent
du sud-ouest qui domine; dans le midi de la France,
la direction des vents incline davantage vers le nord,
et en Espagne et en Italie, c'est le vent du nord qui
est prédominant.

Moussons

La *mousson* est un vent périodique qui, dans la mer d'Arabie, dans le golfe du Bengale, dans la mer de Chine et l'océan Indien, souffle six mois dans une direction et six mois dans une autre.

Le mot mousson signifie *saison*.

Quand le soleil est au sud de l'équateur, c'est-à-dire d'octobre en avril, la mousson souffle du nord - est; mais quand le soleil est au nord de l'équateur, c'est-à-dire d'avril en octobre, ce vent accourt du sud-ouest. Quand le soleil est sur l'équateur, et que les moussons changent de direction, c'est le moment des vents variables et des tempêtes. Les marins appellent ces variations: interruption des moussons.

Ces vents sont dirigés vers les continents pendant les mois l'été, et en sens contraire en hiver.

Dans les Indes, la mousson du sud-ouest annonce la saison des pluies qui, dès les premiers jours de juin, inondent, depuis l'Afrique jusqu'à la péninsule malaise, toutes les contrées intermédiaires durant quatre mois de l'année.

Son approche, dit un écrivain, est annoncée par d'immenses masses de nuages qui s'élèvent de l'océan Indien, et s'avancent vers le nord. Elles s'accumulent, se condensant à mesure qu'elles approchent de la terre. Le vent est accompagné de coups de tonnerre d'une violence dont ne peuvent se faire une idée ceux qui n'ont été témoins d'orages que dans les climats tempérés. Ce

sont des rafales suivies de pluies torrentielles, des
éclairs qui brillent sans interruption, sillonnent les
nuages en tous sens, et illuminent les montagnes lointaines et l'horizon. On ne cesse d'entendre les sourds
roulements du tonnerre qui, en se rapprochant,
éclatent aux oreilles avec une violence tellement
soudaine et épouvantable que l'homme le plus insensible est saisi de terreur. Enfin le tonnerre cesse, et
l'on n'entend plus que le bruit continuel de la pluie
qui tombe et le clapotement des rivières qui débordent.
Aussitôt s'offre aux regards un triste spectacle : ces
fleuves grossis, roulant des flots bourbeux à travers les
campagnes submergées, entraînent les haies, les
cabanes, les récoltes qu'on n'a pu enlever pendant la
sécheresse.

Cela dure quelques jours; puis le ciel s'éclaircit et
montre la nature transformée comme par enchantement.
Avant la tempête, la terre était desséchée, et, excepté
sur les bords des rivières, on ne pouvait voir aucune
trace de végétation ; aucun nuage ne troublait la
sérénité de l'atmosphère, obscurcie toutefois par des
brouillards de poussière charriés par un vent tellement
brûlant qu'on le croirait sorti de la gueule d'une fournaise et qu'il échaufferait le bois, le fer et tous les objets, même à l'ombre. Mais quand la tempête cesse et
que le calme est revenu, le sol se couvre d'une soudaine
et luxuriante verdure ; les rivières rentrent et coulent
paisibles dans leur lit ; l'air est pur et délicieux; le ciel
est couvert çà et là de nuages qui l'embellissent. Les
Européens ne peuvent imaginer ces admirables effets
de changements de décors qu'en comparant les rigueurs
d'un rude hiver à la fraîcheur et à la beauté du printemps. A dater de cette époque, les pluies tombent par
intervalles environ pendant un mois ; puis elles re-

prennent leur violence dans le cours de juillet. Durant le troisième mois, elles diminuent mais elles sont toujours abondantes. En septembre, elles deviennent de plus en plus rares, et, sur la fin du mois, elles cessent au milieu des tonnerres et des tempêtes qui les ont amenées.

Le simoun, le mistral, la brise

Le *simoun* ou *samoun,* en Asie, le *sirocco* en Afrique et en Italie, le *chamsin* en Égypte sont des vents qui, en passant sur la surface enflammée des vastes plaines sablonneuses, deviennent brûlants, et soulèvent les sables en nuages épais qui obscurcissent l'air, ou bien les transforment en colonnes mouvantes qui voyagent dans le désert, comme les trombes sur les flots.

Les indigènes de l'Afrique, pour se préserver d'une transpiration cutanée trop rapide occasionnée par le sirocco, s'enduisent le corps de graisse. Ils s'aperçoivent, dit-on, de son approche à une odeur sulfureuse et à une chaleur inusitée.

Le ciel, pur et sans nuage un instant auparavant, devient sombre; toute l'atmosphère est en feu; la poussière et le sable s'élèvent dans l'espace, qui prend des teintes rouges, bleues, jaunes. On peut se faire une idée très-juste de l'apparence de l'air saturé de sables en regardant à travers un verre de couleur jaunâtre. Pendant la durée de ce météore, la chaleur est accablante, et telle est la sécheresse de l'air que l'eau répandue sur la terre s'évapore en quelques minutes. Quand souffle un de ces simouns, la respiration s'accélère, la peau et le palais se dessèchent, la soif devient ardente, et l'insomnie accroît encore les autres souffrances.

Quand une de ces tourmentes surprend les voyageurs dans le désert, ils se couchent sur le sol jusqu'à ce qu'elle soit passée. Les chameaux et les autres animaux se mettent à genoux et cachent leurs naseaux dans le sable. Le danger, dit-on, est très-grand, quand le vent souffle par rafales; il soulève alors une telle quantité de sables qu'il est impossible de voir à la distance de quelques mètres. « Dans ce cas, le voyageur se couche auprès de son chameau, du côté opposé au vent; mais comme le sable a bientôt atteint le niveau de leurs corps, ils sont obligés de se lever fréquemment et de changer de place pour ne pas être entièrement ensevelis.

Dans certaines circonstances, la langueur, la faiblesse, le sommeil occasionné par la chaleur dévorante, et souvent le désespoir s'emparent des malheureux voyageurs, et hommes et bêtes, des caravanes entières sont bientôt ensevelies sous des monceaux de sables.

Ces tempêtes transportent dans les airs à une grande distance une immense quantité de sable et de poussière qui, dans leur route, recouvrent souvent les ponts des navires, quand la terre n'est pas encore en vue, et interceptent complétement les rayons du soleil.

Le simoun dure ordinairement trois jours: s'il dépasse ce temps, il devient insupportable. Il souffle du sud au nord. Le sirocco, vent du sud-est, dure de onze à vingt jours et s'élève avec le plus de violence vers le mois d'avril.

Le *mistral* est un vent du nord-ouest qui s'élève surtout après les pluies, pendant l'automne et l'hiver, et exerce sa fureur sur les côtes de la France, où trop souvent il ravage les belles plantations d'oliviers et d'orangers.

La *brise* est un vent qui souffle sur les côtes de la mer vers la terre pendant la nuit; c'est-à-dire de la région la plus froide vers la région la plus chaude. La brise de la mer commence après le lever du soleil, augmente jusqu'à trois heures après midi, décroît jusqu'au soir,

Le simoun

et se change en brise de terre après le coucher du soleil. Les brises de terre et de mer ne se font sentir qu'à de faibles distances des côtes. Régulières entre les tropiques, elles le sont moins dans nos contrées, et on en observe les effets jusque sur les côtes du Groënland. Les brises de terre et de mer résultent du réchauffement ou du refroidissement alternatifs des couches d'air qui reposent sur l'océan et de celles qui reposent sur les continents. En effet, le matin, l'air des côtes étant plus froid que celui qui repose sur la surface de la mer à cause du rayonnement de la nuit, il y aura une brise venant de la terre, et produite par un courant d'air froid qui tend à descendre en raison de son excès de densité et à se mettre en équilibre avec l'air chaud, et par conséquent moins dense, qui s'étend sur la mer. Le soir ce sera l'inverse : l'air des côtes, échauffé par le soleil du jour, étant plus chaud que celui qui touche à la surface des eaux, il y aura une brise de la mer à la terre, provenant du courant d'air froid qui afflue pour remplir le vide formé par l'ascension de l'air chaud du rivage.

Orages, typhons, tornades

Quand, pendant un jour d'été, la chaleur a été accablante, il arrive souvent que, dans la soirée, l'air devient lourd, et qu'il règne un calme de sinistre présage ; car alors d'un côté quelconque de l'horizon s'élève un nuage sombre qui répand sur toute la nature une obscurité effrayante. A mesure qu'il approche, le vent souffle avec plus de violence, et l'on entend au loin les sourds grondements du tonnerre. Si dans la nuée vont et viennent, poussés par des vents contraires, des petits nuages d'un gris sâle, qu'on appelle *messagers de la grêle*, on peut s'attendre à quelque désastre, sur un ou plusieurs points de la contrée que va parcourir ce redoutable voyageur.

« L'un des orages les plus terribles dont on ait gardé le souvenir, dit M. Lebrun, a frappé la France le 14 juillet 1788. Deux vastes nuages partirent des Pyrénées, parcoururent toute la France du sud au nord, traversèrent la Hollande et vinrent se dissiper dans la mer Baltique. Ils jetèrent partout sur leur passage avec la grêle, la pluie et la foudre, la désolation et la famine. L'un de ces deux nuages avait plus de deux myriamètres de largeur et l'autre en avait un ; ils étaient séparés par un intervalle de deux myriamètres, qu'une pluie abondante inonda : ces nuages désastreux étaient emportés par une vitesse de sept myriamètres à l'heure. 1039 communes furent dévastées, en France seulement, et la perte fut évaluée à près de 25 millions de francs.

L'orage.

Jusqu'à ce jour on a fait de vaines tentatives pour préserver nos campagnes de ce fléau. Les paragrêles consistent en perches de bois qu'on plante dans les champs ; quelquefois on arme leur extrémité des pointes métalliques; on y ajoute aussi un fil de métal qui relie la pointe au sol. Des essais de ces paragrêles ont été faits: ils ont été infructueux; et il est à croire que tous les appareils qu'on inventera auront le même résultat, tant qu'on ne connaîtra pas la cause de la grêle.

Les typhons sont des rafales d'une extrême violence qui, pendant les moussons, produisent sur terre et sur mer des ravages épouvantables, dans les mers des Indes, aux environs de l'île Maurice et dans les mers de la Chine. « Au mois d'août 1837, dit un navigateur, nous jetâmes l'ancre dans le port de Saint-Thomas. Le 2, l'ouragan parut y avoir concentré toute sa puissance et sa force; le port et la ville furent le théâtre d'une scène qui dépasse toute description. Trente-six navires furent totalement perdus dans la rade, parmi lesquels une douzaine coulèrent bas sur leurs ancres; d'autres furent démâtés et submergés, et plus de cent marins perdirent la vie. Le port fut tellement comblé par ces vaisseaux qu'il était difficile de trouver une place pour y mouiller. Jamais on n'oubliera les désastres causés par ce terrible coup de vent. Des maisons même furent renversées ; une entr'autres, bien bâtie, fut arrachée de ses fondations, et maintenant elle s'élève au milieu de la rue. La forteresse à l'entrée du port fut détruite, et des canons de 24 furent renversés; de lourdes tuiles enlevées des toits des maisons tremblant sur leurs bases, blessèrent ou tuèrent plusieurs personnes. Dans le milieu de la tourmente, on ressentit les secousses d'un tremblement de terre, et, pour compléter ce spectacle de désolation, le feu prit à d'immenses magasins. Un magnifique navire américain de cinq cents tonneaux fut jeté à la côte au pied de la citadelle, et, dans l'espace d'une heure, il n'en restait qu'un peu de bois de charpente. Plusieurs vaisseaux marchands furent démâtés et leurs cargaisons perdues ; pas une poutre, pas un câble ne fut retrouvé dans l'île. Jamais peut-être aucune contrée n'a autant souffert, dans les Indes occidentales, que St-Thomas des fureurs d'un ouragan.

Les *trombes d'air* ou *tornades* consistent en une masse d'air fortement agitée qui se meut à la surface du sol en tournant sur son axe, dont l'une des extrémités repose sur la terre et l'autre se perd dans un nuage. On dirait une toupie dont la pointe tournerait lentement, tandis que le sommet se meut avec une grande rapidité. On explique ainsi le phénomène : le mouvement produit par deux courants d'air s'avançant en sens contraire, et se ruant l'un sur l'autre; alors l'air, subissant un mouvement de rotation et comprimé par son propre mouvement, ne trouve à s'échapper ni d'un côté ni de l'autre, forme un tourbillon et monte en spirale avec une vitesse d'autant plus grande qu'il tend à se rapprocher du centre.

Bien que les trombes n'aient d'effets que sur une étendue fort restreinte en comparaison des ouragans qui occupent parfois 60 à 80 lieues de largeur, ces effets n'en sont pas moins terribles.

Une de ces colonnes tournantes s'abattit sur le village de Saint-Omer, le 6 juillet 1823. Après avoir renversé une grange et ébranlé une ferme comme l'aurait fait un tremblement de terre, elle tordit et arracha 20 à 30 gros troncs d'arbres, de manière à prouver que son mouvement était giratoire. Elle déracina un

énorme sycomore et l'emporta à plus de 600 mètres
de distance ; continuant alors sa course à la manière
d'une balle qui frappe la terre et rebondit, le cyclone
enleva les toits de trois maisons, de la paille, du foin, et
divers matériaux qu'il transporta à des distances assez
considérables. Les cultivateurs, afin d'éviter le danger, se jetaient à plat ventre sur le sol et s'attachaient
à leurs charrues; des vaches furent jetées d'un champ
dans un autre et meurtries dans la chute, et plusieurs
objets pesants se retrouvèrent transportés au loin et
enfoncés dans la terre.

Ces météores qui, sont généralement accompagnés
de grêle et de pluie, lancent souvent les éclairs et la
foudre, en faisant entendre sur toute la zone qu'ils
parcourent, le bruit d'une charrette roulant sur un
chemin rocailleux. Un grand nombre de trombes
n'ont pas de mouvement giratoire et le quart environ
de celles qu'on observe prennent naissance dans une
atmosphère calme.

Quand une trombe d'air vient à rencontrer sur sa
route un réservoir ou un étang, elle en épuise parfois
le contenu et le transporte au loin, ce qui a donné
lieu aux pluies de poissons et de grenouilles, qui
excitent un si grand étonnement.

On peut se faire une idée, restreinte sans doute,
mais assez exacte d'un cyclone, par les tourbillons de
poussière qui, pendant l'été, s'élèvent sur nos routes
et aveuglent les voyageurs.

Les tourmentes de neige dans les Alpes sont produites par des vents impétueux, de la nature d'un tourbillon, qui soufflent dans les gorges profondes ou sur
les sommets escarpés, souvent accompagnés de neige
ou remplissant l'air de celle qu'ils entraînent, comme
les tempêtes dans les déserts obscurcissent l'espace

de sable et de poussière. En un instant, la terre, le
ciel, les montagnes, les abîmes sont soustraits aux
regards, comme si un voile était déployé de tous côtés
autour du voyageur. Toutes traces de sentiers ou de
pas disparaissent, et les poteaux plantés pour indiquer
la route sont bien souvent renversés. Dans certains
endroits, ces sortes de trombes balayent la neige,
mettent à nu les rochers, les accumulent sur d'autres,
ensevelissent les sentiers sous une couche de vingt
pieds et plus, obstruent tous les passages et jettent le
voyageur dans le désespoir ; car à chaque pas il
tremble de tomber dans un abîme ou d'être enseveli
sous la neige.

Pluie de sauterelles

Chacun a entendu parler des pluies d'innombrables sauterelles qui viennent, à certaines époques plus ou moins éloignées, s'abattre au nord de l'Afrique. L'Écriture parle des sauterelles qui désolèrent l'Égypte au moment où Moïse se proposait d'en faire sortir les Hébreux opprimés par Pharaon. Chacun a lu les lamentables récits que nous ont apportés l'an dernier les journaux algériens au sujet des dégats causés par les sauterelles.

D'où viennent ces immenses nuées d'insectes ? On l'ignore; néamoins on peut supposer avec quelque raison qu'elles arrivent des vastes déserts de l'Afrique centrale, contrée jusqu'à ce jour inconnue.

Pour qu'une aussi grande quantité d'insectes puissent se développer sur un point du globe, il faut que ce point du globe soit pourvu d'immenses prairies : Or les grands fleuves coulant du centre de l'Afrique vers l'océan Atlantique ou l'océan Indien sont peu nombreux ; il est donc probable que le centre de l'Afrique est occupé par un grand lac où vont se déverser les eaux des montagnes de la Lune.

Ce serait sans doute aux abords de ce lac, ou sur les rives des fleuves qui vont s'y jeter, que s'étendraient des plaines fertiles, encore inhabitées, où pourraient se développer en grand nombre les sauterelles, à l'abri des poursuites des oiseaux qui n'habitent guère que les contrées habitées par l'homme.

D'ailleurs elles se développent au sud de l'Afrique, dans les chaudes contrées de la Cafrerie et de la Hottentotie, en nombre considérable. Les Cafres en font des provisions qu'ils conservent en les faisant sécher et en les pulvérisant, pour en fabriquer une sorte de pain ou de bouillie. C'est une de leurs principales ressources alimentaires.

A l'époque où les vents sévissent avec une violence dont les pays tempérés ne peuvent se faire une idée, les tourbillons enlèvent sur d'immenses étendues de pays les sauterelles qui y vivaient, et les emportent au loin. Aidées des ailes dont elles sont pourvues, elles vont s'abattre sur les oasis du désert ou gagnent les côtes de la Méditerranée ou les bords verdoyants du Nil. En quelques heures toute la verdure disparaît: plus de moissons, plus d'herbes dans les prairies! tout a été dévoré!

Mais la disette, qui va atteindre les populations, atteint d'abord les sauterelles, qui meurent à la place où elles sont tombées et meublent les terrains en ajoutant à la terre végétale l'humus provenant de leurs milliards de petits cadavres. C'est peut-être ainsi que se sont meublés petit à petit les terrains de l'Algérie et que pourront se meubler plus tard les grands déserts de sable du Sahara.

Les populations ont sans doute à souffrir de ces accidents passagers; des maladies contagieuses peuvent survenir, causées par la décomposition de ces innombrables cadavres ; mais les terres, fécondées par ce nouvel humus, produisent davantage ensuite, et le mal du jour devient une source de richesse pour le lendemain.

PHÉNOMÈNES LUMINEUX ET ÉLETRIQUES

PHÉNOMÈNES LUMINEUX

ET ÉLECTRIQUES

Les feux-follets

En passant, la nuit, le long des cimetières, sur un champ de bataille ou dans des lieux marécageux, on aperçoit parfois de petites flammes, pareilles à la lumière d'une bougie brûlant au loin, qui sautillent, vont, viennent, et se promènent toutes seules à une certaine distance du sol.

On leur a donné le nom de *feux-follets, lanterne du diable*, ou *clairs* ou bien encore *clás*.

La superstition populaire, à propos de ces apparitions, a imaginé les légendes les plus invraisemblables.

« Je revenais un jour, nous racontait dans notre jeunesse un de nos vieux parents, je revenais d'un village où j'avais, en compagnie de joyeux amis, copieusement célébré la fête de Saint-Germain, quand, en longeant le cimetière, je vis à quelques pas, de l'autre côté du mur, une petite lumière voltigeant lentement comme portée par un fantôme. Saisi de frayeur, je me crus poursuivi par l'âme d'un revenant et je me mis à courir aussi vite que me le permettaient mes jambes alourdies ; à deux ou trois cents mètres, je tournai la tête, et, à ma grande épouvante, j'aperçus encore cette même flamme me suivre en sautillant ; il me semblait entendre derrière moi des rires moqueurs; une sueur glacée inondait mon visage; je pris ma course à travers les champs, les vignes, pour éviter mon infernal compagnon : et enfin j'arrivai, moi toujours courant, essoufflé, moitié fou, lui, toujours me suivant et se riant de ma terreur, jusqu'à la porte de mon logis, où je tombai sans connaissance. Le lendemain je me réveillai dans mon lit jurant, mais un peu tard, de ne plus m'attarder avec les amis. »

Ces phénomènes n'ont rien de surnaturel, ils apprennent seulement que dans les lieux où ils brillent, se trouvent des matières animales ou végétales en décomposition. De ces substances s'échappent des gaz inflammables, le gaz hydrogène et le phosphore. Ce dernier, qui brûle immédiatement au contact de l'air, s'unit au gaz hydrogène et l'enflamme en sortant du sol des cimetières, des marais fangeux et des eaux stagnantes, et produit ainsi ces petites flammes que la superstition populaire prend pour les âmes de parents et d'amis.

C'est ici le lieu de rapporter quelques expériences faites sur les feux-follets par les savants curieux d'en vérifier la cause.

« Le sol de la vallée de Lubits, dans le Newmark, dit le major Blesson, de Berlin, est un marne compacte, et les parties basses en sont marécageuses. L'eau du marais contient du feu et elle est recouverte d'une croûte brillante. Pendant le jour, il en sort des bulles d'air ; pendant la nuit, des flammes d'un pourpre bleuâtre qui voltigent à la surface. A mesure que j'avançais, les flammes s'éloignaient, car les mouvements

Les feux follets.

de l'air les poussaient loin de moi. Quand je m'arrêtais, les feux revenaient, et j'essayai d'allumer à l'un d'eux un morceau de papier. Mais mon haleine, produisant un courant d'air, chassait de nouveau les flammes à une grande distance. Cependant je plaçai un écran devant ma figure, j'étendis le bras, et il me fut possible de mettre le feu à une longue et mince bande de papier. En entretenant cette faible torche, je parvins à l'appliquer à un endroit d'où sortaient les bulles d'air, et j'entendis une série d'explosion, sur 8 à 9 pieds carrés de la surface de la mare, et je vis une lumière rouge qui se changea en bleu à environ trois pieds de hauteur. Elle continua de ce mouvoir à la façon des feux-follets. Au jour, toutes les flammes pâlirent, s'approchèrent de plus en plus de la terre, et enfin disparurent. »

« Pendant une nuit de décembre, dit M. Allies, j'examinai un feu-follet environ une heure et demie. Parfois il ressemblait à la lueur d'une lampe, puis, s'élevant à plusieurs pieds, il retombait à terre et s'éteignait. D'autres s'élançaient du sol, suivaient une longueur d'une centaine de mètres avec un mouvement ondulatoire semblable au vol du pivert, et revenaient en effleurant la terre et en se jouant. On eût dit assister aux jeux folâtres de plusieurs fées invisibles. La lumière de ces feux-follets était claire et brillante, beaucoup plus bleue que celle d'une chandelle, et ressemblait parfaitement à l'étincelle électrique. Trois ou quatre d'entre eux étaient plus gros et plus brillants que l'étoile *Sirius.* »

La foudre, les éclairs, le tonnerre

Certaines substances, telles que le verre, la cire d'Espagne, l'ambre, le soufre, frottées avec un morceau de laine ou de peau de chat, acquièrent la propriété d'attirer les corps légers qu'on leur présente, tels que des feuilles d'or, des barbes de plume, de la sciure de bois, des balles de sureau. Cette propriété ayant été observée pour la première fois dans l'ambre jaune, dont le nom grec est *électron*, a fait donner à cet agent inconnu le nom *d'Electricité*.

Il existe deux électricités de nature différente : l'électricité *vitrée* ou *positive*, qu'on obtient sur le verre en le frottant avec de la laine ; et l'électricité *résineuse* ou *négative*, qu'on développe sur la résine en la frottant avec une peau de chat.

Toutes les fois que deux corps de nature quelconque s'électrisent par leur frottement mutuel, ils prennent, l'un de l'électricité positive, l'autre de l'électricité négative en quantité égale. Ainsi quand un tube de verre est frotté avec de la soie, le verre s'électrise positivement, et la soie négativement ; de même quand on frotte un morceau de laine ou de flanelle sur une substance résineuse, la résine produit l'électricité négative, et la laine une égale quantité d'électricité positive.

Deux corps chargés de la même espèce d'électricité, se repoussent l'un l'autre, s'ils sont libres de se mouvoir; et deux corps chargés d'électricités contraires s'attirent.

Deux corps à l'état naturel possèdent, en quantités égales et indéfinies, les deux fluides électriques à l'état de neutralisation réciproque; c'est ce qu'on appelle le *fluide neutre* ; ils sont susceptibles de prendre l'une ou l'autre électricité suivant le corps avec lequel on les frotte, et, pour que le corps soit électrisé, il suffit qu'il possède une quantité plus grande d'un fluide que de l'autre.

Parmi les corps, les uns, tels que les métaux, le charbon calciné, l'eau, et surtout l'eau salée, la vapeur d'eau, le corps humain, la terre, qui est le réservoir commun, laissent passer l'électricité et la conduisent librement, sans lui opposer d'obstacle: ils sont pour cela appelés *bons conducteurs* ; les autres, tels que le verre, la cire, la soie, l'air sec, la laine, le soufre, la résine, etc, qui opposent, au contraire, une résistance aux mouvements du fluide électrique, sont nommés *mauvais conducteurs*.

Quand un corps conducteur électrisé est mis en présence d'un autre corps conducteur quelconque, il attire l'électricité contraire et repousse l'électricité de même nom. S'il est électrisé positivement, le fluide négatif sera attiré et fera effort contre la résistance de l'air ; alors, si la tension électrique est assez forte, et si la distance diminue, la recomposition des deux fluides contraires aura lieu à travers l'air, en donnant naissance à une étincelle plus ou moins vive, accompagnée d'un bruit sec, d'un craquement particulier.

L'étincelle électrique, le bruit sec nous offrent en petit ce que les éclairs et la foudre nous offrent en grand.

Cette ressemblance entre les effets de la foudre et

ceux de l'électricité a conduit les physiciens à constater, par des expériences concluantes, non-seulement l'analogie, mais encore l'identité qui existe entre ces deux forces terribles.

L'illustre Franklin conçut l'idée d'aller puiser, à l'aide d'un cerf-volant, au sein même des nuages orageux, le fluide électrique dont il soupçonnait l'existence. Il fit cette expérience à Philadelphie, en juin 1752. Il se rendit dans un champ, par un temps d'orage, en compagnie de son jeune fils. Là, ayant lancé le cerf-volant, muni d'une pointe métallique, il attacha une clef à la corde d'une grande longueur, et à la clef un cordon de soie destiné à isoler l'appareil ; puis il fixa le cordon de soie à un arbre. Le premier indice d'électricité qu'il obtint fut le soulèvement des filaments de chanvre que la torsion avait épargnés. Toutefois, il commençait à désespérer d'un succès complet, quand, le nuage orageux ayant donné une légère pluie, la corde mouillée devint bon conducteur et transmit l'électricité du nuage jusqu'à l'extrémité inférieure. Franklin, présentant alors à la clef le dos de la main, en tira de vives étincelles. Son émotion fut si vive, qu'il ne put retenir ses larmes.

Cette expérience, répétée par d'autres savants, prouve d'une manière irrécusable que le fluide électrique réside dans les nuages orageux.

Mais l'air atmosphérique en est toujours plus ou moins chargé.

D'après les diverses expériences faites par MM. Becquerel et Saussure, l'atmosphère, quand le ciel est pur et sans nuage, est constamment chargée d'électricité positive. Elle varie en intensité pendant l'été, pendant l'hiver, avec la hauteur des lieux et les heures de la journée. Elle est nulle dans les rues, dans les maisons, sous les arbres, dans les cours et généralement dans les endroits abrités. Dans les villes, l'électricité positive n'est sensible que sur les grandes places, sur les quais des rivières et sur les ponts.

Quand le ciel est couvert, lorsqu'il pleut ou qu'il neige et surtout pendant les orages, l'atmosphère est électrisée tantôt positivement, tantôt négativement; on a observé plusieurs exemples d'une pluie étincelante, due à l'intensité de la tension électrique.

Jusqu'ici l'évaporation de l'eau à la surface de la terre est la seule cause bien constatée à laquelle on puisse attribuer la formation de l'électricité positive de l'air dans les jours sereins. Si l'eau tient en dissolution un alcali ou un sel, la vapeur est électrisée positivement, et la dissolution négativement; le contraire a lieu, si l'eau est combinée à un acide. Or, l'eau des lacs, des fleuves, des mers, contenant toujours en dissolution des matières salines, les vapeurs qui s'en dégagent doivent porter constamment dans l'atmosphère de l'électricité positive.

Les uns l'attribuent encore au frottement de l'air contre le sol, d'autres à la végétation des plantes, à la combustion du bois ou du charbon.

En général, les nuages sont tous électrisés, tantôt positivement, tantôt négativement.

La formation des nuages positifs est due aux vapeurs qui se dégagent du sol et qui, chargées d'électricité positive, se condensent dans les hautes régions de l'atmosphère. Les nuages négatifs sont formés, comme on le suppose, par des brouillards qui, en s'élevant, emportent avec eux une grande quantité de l'électricité négative que possède habituellement la terre, avec laquelle ils ont été longtemps en contact. Ou bien, suppose-t-on encore, deux nuages sont l'un au-dessus de l'autre ; le plus élevé qui, à cause de son élévation, est électrisé positivement, agit par influence sur le nuage inférieur, moins dense, et faiblement électrisé ou à l'état neutre. Si ce dernier communique avec la terre par des rochers, par des arbres, ou des vapeurs humides, son électricité positive, repoussée par celle du nuage supérieur, s'écoulera dans le sol, et si

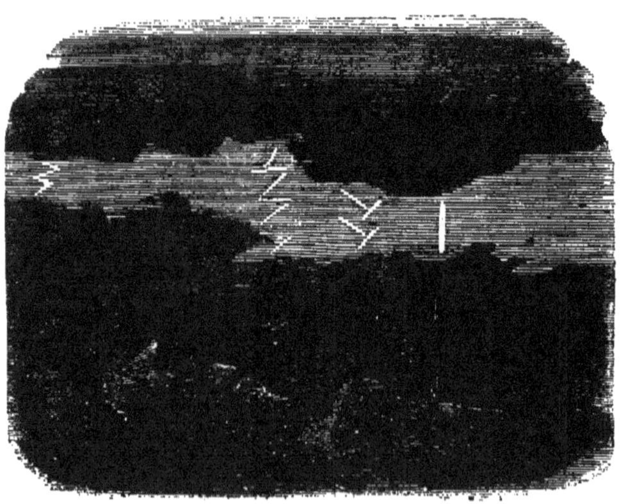

Formes des éclairs simples.

l'action des vents, par exemple, vient rompre sa communication avec le sol, ou aura un nuage électrisé négativement.

«Lorsque deux nuages chargés d'électricité, dit M. Belèze, viennent à se rencontrer, ils produisent l'un sur l'autre une vive attraction ou une vive répulsion, suivant qu'ils sont chargés d'électricité de même nom ou d'électricités contraires. Ces attractions ou ces répulsions doivent être la cause principale des mouve-

ments extraordinaires que l'on observe au moment
des orages, et que la violence seule du vent ne suffi-
rait point à expliquer d'une manière satisfaisante ;
car, au moment où l'on voit briller l'éclair et où l'on
entend retentir le tonnerre, on voit aussi les nuages
s'approcher rapidement ou s'éloigner, et enfin tour-
billonner sur eux-mêmes.

Le phénomène de l'étincelle électrique qui se pro-

Éclairs divisés et arborescents.

duit, soit entre deux nuages suffisamment rapprochés,
soit entre un nuage et un objet terrestre, se compose
de trois éléments, qui sont la *foudre,* c'est-à-dire l'é-
tincelle proprement dite,—et ce n'est autre chose que
la réunion des fluides contraires;—l'*éclair,* c'est-à-dire
la lumière rapide et brillante qui accompagne la
réunion des fluides électriques; le *tonnerre,* c'est-à-
dire le bruit qui suit l'éclair à des intervalles plus ou
moins rapprochés, suivant les distances. »

L'éclair est une lumière éblouissante projetée par l'étincelle électrique.

On peut distinguer quatre sortes d'éclairs : 1° Les éclairs en zig-zag, qui consistent en un trait de feu et un sillon de lumière, très-mince, avec des contours parfaitement dessinés; ils serpentent, à angles aigus ou obtus, sur la nuée orageuse, et, malgré leur énorme vitesse, ils ne voyagent pas en ligne droite. 2° Les éclairs qui, au lieu de se dessiner par des lignes brisées, embrassent d'immenses étendues et n'ont rien de défini dans leurs contours : on dirait l'éclat subit d'une explosion de matières inflammables. Ils sont les plus fréquents, éclairent la masse de la nue, mais d'une lumière moins vive que les précédents. 3° Les éclairs dits *de chaleur*, parce qu'ils brillent dans les nuits d'été, sans qu'on aperçoive aucun nuage au-dessus de l'horizon, et sans qu'on entende aucun bruit. Ce sont des éclairs réfléchis par les couches supérieures de l'atmosphère, qui proviennent d'un orage éloigné, dont le siége est au-dessous de notre horizon, et à une distance telle que le bruit du tonnerre ne peut arriver jusqu'à l'oreille de l'observateur. La durée de ces trois espèces d'éclairs est moindre qu'un millième de seconde. 4° Les éclairs *en boule*, c'est-à-dire des *globes de feu* qui sont visibles pendant une, deux, dix secondes et qui descendent des nuages sur la terre avec assez de lenteur pour que l'œil puisse les suivre. Ces globes rebondissent souvent à la surface du sol ; d'autres fois ils se divisent et éclatent avec un bruit comparable à la détonation de plusieurs pièces de canon. En général, la foudre se présente sous cette forme, quand elle pénètre dans l'intérieur des édifices. On distingue encore les éclairs divisés et les éclairs ramifiés. Quand deux nuages se trouvent superposés, il arrive que les fluides contraires se combinent d'abord entre les deux nuages en produisant un éclair, puis d'un nuage inférieur part un autre éclair: c'est la récomposition des fluides entre le nuage et un point culminant d'un autre nuage ou du sol.

L'éclair ramifié a lieu quand un point de nuage se trouve en communication avec divers points culminants, entre lesquels le fluide s'écoule naturellement et tend à se recomposer avec le fluide contraire du nuage superposé.

La science est encore impuissante à en expliquer la formation et l'origine.

La vitesse de la lumière, quelle qu'elle soit, est si grande, qu'on ne peut apprécier le temps que met la lumière électrique à venir d'un nuage orageux jusqu'à nous. Or, comme le son ne parcourt que 340 mètres par seconde, il s'écoule, entre l'apparition de l'éclair et le bruit du tonnerre, autant de secondes qu'il y a de fois 340 mètres. De là le moyen d'évaluer la distance à laquelle se trouve un orage.

Le *tonnerre* est la détonation plus ou moins violente qui accompagne l'apparition des éclairs.

Quand l'éclair brille, il paraît au même instant dans des points très-éloignés; sur toute cette immense étendue, l'air et la vapeur sont sur tout ce long trajet déchirés, dilatés; les molécules de matières pondérables sont mises en vibration, et la longue détonation qui en résulte, répétée et agrandie par les échos des nuages, donne lieu aux roulements du tonnerre.

Près du lieu où jaillit l'éclair, le bruit est sec et de courte durée. Plus loin on entend une série de bruits, qui se succèdent rapidement. A une plus grande distance encore, le bruit, faible au commencement, se change en un roulement prolongé, d'intensité très-inégale. Cette sombre harmonie que produit un seul coup de tonnerre, on l'attribue soit à l'inégalité de la densité de la température et de l'état hygrométrique des couches d'air que la foudre traverse, soit aux échos produits par le son en frappant les rochers, les montagnes, les nuages même.

Les effets de la foudre sont capricieux, terribles. Elle tue les hommes et les animaux; elle fond et volatilise les métaux, brise en éclats les corps peu conducteurs. Elle frappe de préférence les corps qui conduisent mieux l'électricité, et ceux qui sont plus rapprochés de la nue, tels que les clochers, les tours, les arbres, les maisons. C'est pourquoi il est imprudent de se placer sous les arbres, pendant l'orage, surtout si ces arbres sont bons conducteurs, comme les chênes, les ormes. Mais sous les arbres résineux, comme les pins, le danger n'est plus le même, parce qu'ils sont mauvais conducteurs.

Dans les campagnes, à l'approche d'un orage, on a l'habitude de sonner les cloches. On le fait dans l'intention probablement de dissiper la nuée en ébranlant les couches d'air ; mais cet usage peut devenir funeste, car l'expérience prouve, au contraire, que la foudre frappe aussi bien les clochers où l'on sonne que ceux où l'on ne sonne pas. Si le clocher, d'ailleurs, se trouve dans la sphère où agit le nuage orageux, si la corde est humide, elle servira de conducteur à la foudre, et il est à peu près certain que le sonneur qui la tient à la main sera le premier foudroyé. Ce déplorable préjugé a déjà produit trop de victimes.

Pour préserver les édifices et les corps terrestres des effets de la foudre, Franklin a inventé le *paratonnerre*.

On distingue dans le paratonnerre deux parties.

La *tige,* longue barre de fer rectiligne, sans solution de continuité, terminée en pointe et plongeant dans l'air atmosphérique. Elle a de 6 à 9 mètres de hauteur. Le *conducteur* est une barre de fer qui descend du pied de la tige jusqu'au sol avec lequel il est en parfaite communication. On le fait descendre dans un puits, dans une source qui ne tarisse pas, ou dans des tranchées où on le fait courir en l'entourant de braise de boulanger qui conduit parfaitement l'électricité et préserve le fer de la rouille.

Un paratonnerre protége efficacement autour de lui un espace circulaire double de sa hauteur. Ainsi un paratonnerre dont la tige aura sept mètres de hauteur, protégera tous les objets compris dans un espace circulaire d'un rayon de quatorze mètres.

Feux Saint-Elme

Dans certains états de l'atmosphère, les mâts des navires, les pointes des lances, les corps saillants paraissent lancer de leurs extrémités des jets de flamme en forme de langues lumineuses. Pline l'historien a remarqué ce phénomène. « J'ai vu, dit-il, une lumière ayant la forme d'une étoile sur les lances des soldats faisant la nuit sentinelle sur les remparts. On voit aussi de pareilles étoiles sur les vergues et autres parties des navires ; elles produisent un son perceptible et changent fréquemment de place. »

On donne le nom de feux Saint-Elme ou de Comazants à ces langues de feu.

Ce météore est dû à ce qu'on nomme en physique le *pouvoir des pointes*, c'est-à-dire à la propriété qu'ont les corps terminés en pointe, ou présentant des arêtes saillantes et vives, de ne jamais conserver la moindre trace de l'électricité qu'on leur communique. Une pointe métallique, adaptée au conducteur d'une machine électrique, laisse écouler, au fur et à mesure qu'il se développe, le fluide électrique produit par la machine. Si l'on approche la main de la pointe, on ressent comme un souffle léger qui semble en sortir. Dans l'obscurité, cet écoulement du fluide est signalé par une aigrette lumineuse. Ce phénomène a été découvert par Franklin, qui en a déduit comme conséquence pratique l'utilité du *paratonnerre*.

Les feux Saint-Elme, dits aussi feux Saint-Nicolas,

observés à l'extrémité des vergues et des mâts de navires, sont donc des effets de l'électricité.

En septembre 1827, non loin des côtes du Brésil, nous avons pu jouir de la vue de ce phénomène. La chaleur du jour avait été étouffante, des nuages épais s'étaient amoncelés au sud-ouest. A l'approche de la nuit, le ciel devint très-sombre ; de vifs éclairs sillonnaient les nues, et l'on entendait le bruit lointain du tonnerre. Vers dix heures, une flamme légère apparut à la cime du grand mât, et peu après on en vit une autre au gaillard d'avant. Un des matelots, curieux d'examiner de plus près cette apparition grimpa au mât. Il vit que ce jet de feu s'élançait d'une flèche de fer de deux centimètres de diamètre ; la flamme était faiblement jaunâtre au centre et prenait une teinte bleue sur les bords. En y mettant la main, il se produisit un bruit semblable à celui d'une fusée, et une fumée épaisse sans odeur nuisible ; mais quand il y appliqua la manche de son habit mouillé, il y eut un jet de flamme rapide qui s'éteignit immédiatement et ne reparut plus.

Aurore boréale

L'aurore boréale est un des plus beaux spectacles
de la nature, et c'est bien à la vue de ce brillant mé-

Arc régulier d'une aurore boréale.

téore que l'on peut reconnaître la puissance et la
bonté infinie d'une intelligence suprême ayant tout
prévu et ayant pourvu à tout : dans les déserts brûlants elle a mis le chameau qui peut marcher plu-

sieurs jours à travers les sables arides sans souffrir
de la soif, parce qu'il porte dans les cavités de son es-
tomac une provision d'eau suffisante pour se désalté-
rer; dans les pays glacés et stériles du nord, elle a
placé le renne, qui se contente, pour apaiser sa faim, de
mousse et de lichens, et dont le lait et la chair servent
de nourriture, la peau, de vêtements, aux malheureux
habitants de ces contrées, mais surtout, pour les dé-
dommager de la longue absence de la lumière du soleil, elle leur a donné le plus magnifique des météores:
l'aurore boréale.

Quand le phénomène se produit au pôle nord, on
lui donne le nom d'aurole boréale, et celui d'aurore
australe, lorsqu'il apparaît au pôle sud ; on l'appelle
aurore parce qu'il répand une clarté semblable à celle
du point du jour. Les aurores boréales apparaissent
plus nombreuses que les aurores australes, mais
c'est peut-être parce qu'on est plus à même de les
observer. Au pôle nord, les nuits sans aurore sont
tout à fait exceptionnelles, en sorte qu'on peut admettre qu'il y en a toutes les nuits, mais d'une
intensité très-variable.

Elles sont visibles à des distances considérables du
pôle et sur une immense étendue. Une même aurore
boréale a été vue, en même temps à Moscou, à Varso-
vie, à Rome, à Cadix. Quand elles apparaissent dans
nos contrées, elles sont rarement plus brillantes que la
pâle lumière du crépuscule. Mais dans les régions du
nord, elles sont d'une magnificence bien plus extraordinaire et revêtent des formes d'une imposante
sublimité.

Une lueur confuse paraît d'abord vers le nord; puis
des rayons lumineux de couleur rouge, violette, et
quelquefois bleuâtre, s'élèvent de l'horizon : ils sont

larges et irréguliers, et se dirigent vers le haut du ciel au point appelé zénith [1]. Deux grandes colonnes de feu qui s'appuient, l'une à l'orient sur l'horizon, l'autre à l'occident, grandissent en rapprochant leur

Une aurore boréale à bande plissée.

sommet ¡l'une de l'autre ; et, bientôt réunies, elles forment un arc resplendissant de lumière vive, qui

[1] Le *Zénith* est le point de l'espace qui, partant du centre de la terre à ce point, traverserait le corps de l'observateur : la perpendiculaire à la surface terrestre, sur un point donné, va rencontrer le point qui est le zénith pour le point de la surface terrestre d'où s'élève la perpendiculaire.

passe du jaune au vert foncé et au pourpre étincelant. C'est comme une voûte de feu, dont les proportions sont gigantesques, et qui projettent au loin des rayons

L'aurore boréale du 31 octobre 1853.

brillants au milieu d'un ciel noir, comme feraient des artifices, des fusées lancées par des géants. L'éclat des rayons, variant subitement d'intensité atteint celui des étoiles de première grandeur ; des stries noirâtres séparent régulièrement les deux parties lumineuses de l'arc. Le phénomène arrive bientôt à son dernier degré de splendeur ; il ne tarde pas à décroître. Il s'affaiblit, et des lueurs incertaines sont les derniers vestiges de ce céleste incendie.

Parfois l'arc monte vers le zénith en s'étendant toujours et semble subir une espèce de mouvement ondulatoire, par suite de l'éclat des rayons, qui augmente de plus en plus de l'extrémité à l'autre. Le mouvement se produit de l'arrière à l'avant ; des courbes se forment et se déroulent comme les plis et les replis d'un serpent, on dirait une draperie, une bannière immense agitée par le vent et qui flotte dans l'atmosphère.

Parfois l'arc change de forme et prend celle de longues feuilles s'enroulant les unes dans les autres en courbes gracieuses. Bientôt, des rayons variant de longueur et d'éclat, s'élancent vers le ciel en fusées lumineuses ; la base est rouge, le milieu vert, le sommet conserve une splendide teinte jaune clair. Enfin l'éclat diminue, les teintes s'effacent et se confondent, tout s'affaiblit peu à peu ou s'éteint subitement.

Les rayons de feu, après avoir dépassé le zénith, se rencontrent ordinairement, se croisent, se confondent ensemble dans une large zône à travers les cieux et finissent par dessiner un cercle qu'on nomme la couronne de l'aurore boréale.

Dans la baie de Baffin, la lumière des aurores est rouge, orangé, jaune, et d'émeraude.

Dans le nord-est de la Sibérie, elle illumine le ciel de l'éclat de l'or, du rubis et du saphir.

Mais généralement elle est blanche, argentée, sem-

blable à celle de la lune, et parfois elle offre aux regards
éblouis les belles couleurs de l'arc-en-ciel. Malgré la
lueur répandue sur la nature par ce beau phénomène,
on aperçoit encore les étoiles, dont l'éclat n'en est
que peu affaibli.

On a fait des nombreuses hypothèses sur la cause
des aurores boréales. Aujourd'hui on l'attribue à
l'électricité ; ce qui vient à l'appui de cette idée, c'est
qu'on peut, à l'aide de la machine électrique, obtenir
une belle imitation des rayons de l'aurore, et que,
dans les contrées où ce météore est le plus brillant,
il exerce plus d'influence sur l'aiguille aimantée.
Selon M. de la Rive, l'aurore boréale serait due à
des décharges électriques s'opérant entre l'électricité
positive de l'atmosphère et l'électricité négative du
globe terrestre. Dans les régions polaires, où les frimas éternels condensent les vapeurs aqueuses sous
forme de brouillards, l'air est continuellement chargé
d'électricité positive, accrue d'ailleurs par le courant tropical qui, venant des régions de l'équateur où
il occupe les couches les plus élevées de l'atmosphère,
descend dans sa course jusqu'au voisinage du pôle.
Cette électricité positive, formée par l'évaporation de
l'eau, est amenée par les courants de l'équateur, se
combine, s'unit avec l'électricité négative de la terre
et produit des décharges et une lumière d'autant
plus éclatante que ces décharges sont plus intenses.

Les aurores boréales ne paraissent avoir aucune
influence sur la température, sur l'humidité, sur la
pression de l'air, sur la fréquence des vents. Elles se
produisent, pour la plupart, à une si grande élévation,
qu'elles ne peuvent affecter ni nos instruments mé-
téorologiques, ni nos sens, excepté celui de notre
vue.

Les habitants des contrées boréales saluent l'apparition des aurores parce qu'elles apportent beauté et gaieté à leurs longues nuits d'hivers. Toutefois, malgré l'heureux avantage qu'elles leur procurent, ils ne peuvent se défendre d'un certain mouvement d'effroi. Comme ce beau météore ne paraît qu'à des temps irréguliers, et que rien n'est calculé dans sa marche, l'homme, habitué à la régularité parfaite des lois de la nature, ne peut voir qu'un accident fortuit dans un phénomène imprévu, et il craint. C'est un fait à part du cours ordinaire des faits naturels, et il en connaîtrait la cause, qu'il lui serait encore difficile de n'être pas inquiet. Les animaux eux-mêmes, dont l'instinct admirable sait si bien prévoir le danger, ne sont pas rassurés ; et l'on remarque en eux, pendant toute la durée de l'aurore boréale, un malaise, une inquiétude semblable à celle qu'ils éprouvent pendant un fort orage.

Les halos, les parhélies, les parasélènes

On donne le nom de *halos* au cercle rouge et brillant qui entoure quelquefois le soleil et aux auréoles irisées qui environnent la lune à travers une atmosphère brumeuse ou sereine.

Un halo.

On a vu même, près de l'équateur, de petits halos autour de la planète *Vénus*. Les couleurs du halos solaire ressemblent à celles de l'arc-en-ciel, à cela près qu'elles sont moins brillantes et qu'elles ne se présentent pas toujours dans le même ordre. Le rouge y est généralement placé du côté du soleil, et le bord extérieur est indigo ou violet, ou en certains cas, blanc. D'autres fois, le côté intérieur est blanc, puis viennent le vert, le jaune pâle et le rouge. Les halos solaires et lunaires consistent souvent en deux cercles: le plus grand a des nuances plus faibles et paraît être à une distance du soleil ou de la lune deux fois plus grande que celle du cercle intérieur.

On donne le nom de *couronnes* à de petits cercles qui entourent le soleil et la lune, quand le ciel est en partie couvert de nuages cotonneux. Les couronnes sont plus petites que les halos. La couronne solaire apparaît ordinairement sous la forme de trois cercles de couleurs variées. Newton en a observé une dont les trois cercles étaient le premier, en partant du dehors, bleu, blanc et rouge; le second, pourpre, bleu, gris et rouge pâle; le troisième, bleu pâle et rouge.

Parfois le disque du soleil et de la lune est reproduit plusieurs fois. Ce phénomène prend le nom de *parhélie*, ou faux-soleil dans le premier cas, et de *parasélène* ou fausse-lune dans le second.

On voit souvent des parasélènes dans les régions des pôles pendant les longues nuits d'hiver.

« Le 1er décembre, dit un navigateur, j'en remarquai un à l'horizon, un autre perpendiculaire au premier et deux autres de chaque côté, sur une ligne parallèle à l'horizon. Ils ressemblaient à des comètes dont les queues se dirigeaient en sens inverse de la lune. Le côté en face de cet astre brillait d'une lumière orange. Pendant la durée de ces fausses-lunes, la lune s'entoura d'un halos lumineux qui traversa tous les parasélènes; puis deux lignes d'une couleur jaunâtre, se coupant au centre du cercle, et perpendiculaires l'une sur l'autre, allèrent rejoindre les parasélènes opposés, et formèrent ainsi quatre quadrants. Cette apparition variant d'éclat dura plus d'une heure. »

Un observateur fut un jour témoin d'un brillant parhélie qui se manifesta dans les contrées septentrionales de l'Amérique.

« Son diamètre apparent, dit-il, était un peu plus

Une parasélène au pôle nord.

grand que celui du véritable soleil, et sa lumière d'une blancheur tellement éblouissante qu'elle fatiguait les regards. Quelque temps après, un autre parhélie, d'un éclat semblable, apparut à la même distance à l'est du soleil et à la même hauteur. Tous deux conservèrent leur hauteur et leur forme durant quelques instants, puis se mirent à s'allonger dans le sens vertical et à briller de toutes les couleurs du spectre solaire. Directement au-dessus du soleil apparut en même temps, avec les parhélies, un arc coloré, ayant son centre au zénith et sa convexité tournée vers le soleil; le bord extérieur était rouge; dans les autres couleurs, mélangées, dominaient toutefois, quoique faiblement, le vert et le bleu.

Dans nos contrées, l'apparition des halos lunaires est très-fréquente pendant les nuits brumeuses; et les habitants de nos campagnes jugent l'état futur de l'atmosphère par leur plus ou moins grand éloignement de la lune : plus le cercle est grand, disent-ils, plus la pluie est près; plus il est rapproché de l'astre, plus la pluie est loin; dans ce dernier cas, ils annoncent un grand vent.

L'apparition des halos, des parhélies et des paraséinènes était regardée jadis comme due à une intervention divine et causait une grande terreur. Mais leur cause, loin d'être merveilleuse, est au contraire parfaitement naturelle. Ils sont dus à la réfraction de la lumière dans les globules d'eau suspendus dans l'atmosphère. Quand les rayons du soleil ou de la lune viennent à passer obliquement de l'air dans un nuage cotonneux, ils dévient de leur course et vont former autour de l'astre soit un cercle coloré, ou halos, soit leur propre image, ou parhélie et parasélène.

A la réfraction de la lumière sont encore dus les phénomènes connus sous les noms de *fata Morgana* et de *Mirage*.

Le mirage en mer, fée Morgan

Dans le détroit de Messine, entre la Sicile et l'Italie, a lieu quelquefois un remarquable phénomène, qui, à cause des féeriques effets qu'il produit, prend le nom de *Fata Morgana, Fée Morgan.*

Quand les rayons du soleil levant forment un angle de 45° sur la mer de Reggio, et quand la surface des eaux n'est troublée ni par les vents ni par les courants, un observateur placé sur un édifice élevé de la ville, le dos au soleil et la face vers la mer, aperçoit dans les flots de superbes palais, avec leurs balcons, leurs fenêtres, des troupeaux paissant dans des collines boisées et de fertiles plaines, des armées de cavaliers et de fantassins, des fragments d'édifices, tels que colonnes, pilastres, arcades. Ces objets se succèdent rapidement sur les eaux pendant la courte période de leur apparition. Ce sont, probablement, les images des palais et des mouvements existants sur le rivage; les êtres vivants ne sont aperçus que quand ils servent à meubler le paysage.

Si, au moment de l'apparition, l'air est chargé de vapeurs, ou d'épaisses exhalaisons, les mêmes objets peints sur la mer se reproduisent dans l'espace, mais moins distinctement. Si l'air est parfaitement pur, comme à l'époque des rosées, les objets ne se peignent que sur la mer, et alors leurs contours sont frangés de rouge, de jaune, de bleu, de couleurs irisées.

Quand ce phénomène, qui d'ailleurs ne se produit pas souvent, doit avoir lieu, le peuple de Reggio le salue avec enthousiasme, se précipite en foule sur le rivage, bat des mains en s'écriant: Morgana! Morgana! fata Morgana!

Ce phénomène se produisit naguère en Angleterre, dans la Cornouaille, au cap Dand's End. « Alors, dit

La fata Morgana.

un écrivain qui en fut témoin, apparut sur la mer, d'un côté où aucune terre n'existait, une île avec des rades, des collines, des maisons, une église, de la fumée qui sortait apparemment des cheminées de quelques cottages. Le guide étonné nous dit d'abord que c'était une des îles Sorlingues: mais il reconnut enfin que ces îles se trouvaient dans une autre direction. La vision toutefois s'effaça graduellement: c'était sans doute la peinture du rivage sur lequel étaient placés les spectateurs. »

Herschell explique ainsi ce phénomène. « Quand la surface du sol est fortement échauffée, l'air en contact avec lui se dilate, et la pression des couches superposées augmente son élasticité et diminue sa densité. Dans ce cas, les rayons lumineux portant d'un objet éloigné s'inclinent plus en plus, par la réfraction, jusqu'au moment où la réflexion a lieu sur la surface des eaux, ainsi que sur un miroir, et où ces rayons, suivant l'angle de réflexion en sens contraire et la réfraction, arrivent à l'œil de l'observateur comme si les objets aperçus étaient au-dessous du sol : ils lui présentent ainsi l'image renversée, comme s'il la voyait au-dessous de la surface d'une eau tranquille.

Dans les régions arctiques, la présence d'une grande étendue de glace flottante est souvent découverte à une grande distance sur l'horizon par l'effet de ce singulier phénomène. On aperçoit une figure lumineuse décrivant au-dessus de l'horizon l'image renversée de la glace flottante. Cette image, qui paraît toujours plus brillante dans un ciel serein, indique à un navigateur expérimenté, à 20 ou 30 milles au delà de l'horizon, non-seulement l'étendue et la forme, mais encore la masse du bloc de glace. Quand ce mirage est produit par une vaste plaine de neige, il est d'une nuance jaunâtre.

Ce phénomène est très-utile aux navigateurs, parce qu'il indique souvent par des taches sombres l'existence d'ouvertures d'eau qu'autrement il serait impossible de constater, et quand la glace les entoure, ils s'efforcent d'y diriger leur navire.

« Dans un de mes voyages, dit Scoresby, nous nous approchâmes si près des bords inexplorés du Groën-

land que nous crûmes voir distinctement la terre, et
qu'il me prit grande envie d'en dessiner les contours.
Mais en examinant avec le télescope, je reconnus que

Le mirage en mer.

le rivage changeait de forme à chaque instant. Puis
apparut bientôt comme une cité vaste et antique,
ornée de châteaux, d'obélisques, d'églises, de monuments et d'édifices grandioses et magnifiques. Plu-

sieurs éminences semblaient surmontées de tours, des créneaux, des pyramides, des pinacles; d'autres offraient de grandes masses de rochers visiblement suspendus en l'air à une distance considérable au-dessus des montagnes dont elles semblaient faire partie. L'apparition était fantastique. A peine une partie était elle exquissée, qu'elle se transformait et prenait la forme d'un objet tout à fait différent. C'était alternativement un château, une cathédrale, un obélisque, qui, s'étendant horizontalement, atteignait les hauteurs voisines et unissait les vallées intermédiaires, bien qu'elles eussent plusieurs milles de largeur, par un pont d'une seule arcade, merveilleux de beauté, d'étendue. Néanmoins, ces métamorphoses répétées, ces tableaux variés ont, vus de loin, toute l'apparence de la réalité, et non-seulement les différentes couches, mais encore les veines des rochers, les amas de neige entassés dans les ravins et les crevasses, forment des lignes distinctes et bien tranchées.»

« Sur les côtes, dit encore Scoresby, j'aperçus dans l'air l'image renversée d'un navire, et, l'examinant avec la lunette, je pus distinguer les voiles, l'équipage entier du navire et son caractère particulier, de telle sorte que j'affirmai que c'était le navire de mon père, *La Renommée*, et, plus tard, je reconnus que mes prévisions étaient vraies. Cependant, après avoir vérifié nos notes avec mon père, je trouvai que nous étions à cette époque à une distance d'environ trente milles l'un de l'autre, à quelques lieues au delà des limites de la vue. J'étais si fortement frappé de la particularité de cette apparition que j'en informai l'officier de quart, en affirmant avec une entière conviction que la *Renommée* croisait dans nos parages.

Le Mirage sur terre

Ce phénomène, comme la fée Morgan, est dû à la réfraction de la lumière qui résulte de l'inégale densité des couches de l'atmosphère, lorsqu'elles sont dilatées par leur contact avec le sol fortement échauffé.

C'est une illusion d'optique qui fait apercevoir, au-dessus du sol ou dans l'atmosphère, l'image renversée des objets éloignés, dont les contours sont plus ou moins altérés et mal définis.

Les conditions nécessaires à sa production se trouvent réunies dans le sol de la Basse-Égypte, qui offre une vaste plaine se prolongeant jusqu'aux limites de l'horizon, et susceptible, par sa nature sablonneuse et son exposition au soleil, d'acquérir un haut degré de chaleur. C'est là que, pendant l'expédition de l'armée française, le mirage a été souvent observé dans tout son éclat, par l'illustre Monge, un des premiers savants de l'expédition, qui l'a décrit et expliqué dans tous ses détails.

« Le matin, l'air étant calme et pur, écrit-il, la plaine tout entière et les objets qui y sont disséminés se distinguent avec une netteté parfaite. Mais, vers le milieu du jour, lorsque les rayons du soleil échauffent fortement le sol, les couches inférieures de l'air participent à sa haute température; devenues plus légères par la dilatation, elles s'élèvent; l'air paraît alors pendant quelque temps agité d'un mouvement ondulatoire qui a pour effet de briser capricieusement les

images des objets placés dans le lointain. Mais bientôt,
si l'atmosphère est calme, il s'établit un équilibre entre les couches inférieures et échauffées de l'air et les
couches plus élevées et plus froides. La densité de
l'air va alors augmentant progressivement depuis
la surface du sol, où la température est le plus élevée,
jusqu'à une hauteur de quelques pieds; là, cette
densité devient constante sur une certaine étendue,
pour diminuer ensuite à des hauteurs plus grandes,
conformément à la constitution de l'atmosphère. A ce
moment, la surface de la plaine disparaît au loin pour
l'observateur; le pays semble terminé, à une lieue
environ, par une inondation générale, et présente
l'aspect d'un grand lac dans lequel se réfléchiraient
les éminences, les arbres et les habitations lointaines;
au-dessous de ces objets, on voit leurs images renversées, dont les lignes paraissent un peu indécises,
comme cela arrive sur les bords d'une nappe d'eau
dont la surface est faiblement agitée. Si l'on approche
d'un objet que l'inondation apparente enveloppe, les
bords de l'eau s'éloignent, et, à mesure que le phénomène du mirage cesse pour un objet, il se reproduit pour un autre, que l'on découvre dans un plus
grand éloignement. Témoins de ces apparences trompeuses, les soldats de l'expédition d'Égypte, fatigués
par de longues marches sur un sol desséché, et dévorés
par la soif, s'abandonnaient aisément à l'illusion et
poursuivaient en vain un rivage qui les fuyait toujours... »

L'arc-en-ciel

L'arc-en ciel est un des plus beaux météores de la nature. Il se dessine sur un nuage qui se résout en pluie, quand ce nuage est vivement éclairé par les rayons solaires. Pour l'apercevoir, il faut que l'observateur soit placé entre le nuage et le soleil et qu'il tourne le dos à cet astre. C'est un arc majestueux, brillant des couleurs les plus belles et fondues ensemble dans une parfaite harmonie : rouge, orangé, jaune, vert, bleu, indigo, violet. Souvent on aperçoit deux arcs concentriques, qui présentent la même série de couleurs ; mais leur arrangement est différent. Ainsi, tandis que dans l'arc intérieur le rouge est la couleur la plus élevée, dans l'arc extérieur c'est le violet. Les couleurs sont vives dans l'arc intérieur et toujours beaucoup plus pâles dans l'autre. On aperçoit rarement trois arcs-en-ciel ; il peut même en exister un plus grand nombre, mais les couleurs en sont si faibles qu'elles échappent à la vue. Plus le soleil est bas sur l'horizon, plus l'arc-en-ciel paraît développé.

Ce brillant météore est dû à la décomposition de la lumière blanche du soleil au travers des gouttes de pluie, et à sa réflexion sur leur face interne.

Quand on fait passer un rayon de soleil à travers un morceau de verre triangulaire, appelé *prisme*, il dévie de sa direction, et, au lieu de produire une lumière blanche, il forme, sur un écran placé à dessein, une

L'arc-en-ciel après l'orage.

bande de couleurs, dans l'ordre déjà indiqué: le rouge occupant le bas et le violet le haut. Cette bande s'appelle *spectre solaire* : dans la formation de l'arc-en-ciel, les gouttes de pluie font l'effet du prisme.

On peut observer ce phénomène partout où la lumière solaire pénètre dans des gouttes d'eau, autour des fontaines, des cascades, dans les gouttes de rosée et même dans les brouillards qui s'élèvent du sol.

« Dans les îles éloignées des côtes, l'arc-en-ciel, en hiver, s'avance graduellement, dit un voyageur, devant les nuages sombres, traverse avec majesté l'Océan en furie, puis, quand il atteint le rivage et semble en prendre possession, il disparaît au milieu de la tourmente dont il a été l'aimable et traître avant-coureur. En considérant la largeur surprenante de ce phénomène aérien et la vivacité de ses couleurs, impossibles à peindre, je ne sais s'il faut l'admirer le plus, quand, suspendu à l'occident, il appuie un de ses pieds sur l'île de Baffin, tandis que l'autre, à plusieurs lieues de distance, repose sur un continent lointain, ou bien quand, à la dernière heure du jour, il déploie ses splendeurs à travers les vastes plaines, et pénètre au loin dans la nappe bleue des ondes qui baignent sa base. C'est avec un sentiment de profonde reconnaissance que l'on doit saluer les fréquentes visites de ce messager céleste qui, dans le courant du même jour, apparaît cinq ou six fois, dans les régions exposées, à certaines époques, à d'incessants déluges de pluie. »

La lune produit quelquefois des arcs-en-ciel, comme le soleil ; mais la lumière de notre satellite étant beaucoup moins vive que celle de l'astre du jour, les arcs auxquels elle peut donner naissance ont toujours peu d'éclat.

« La lune, dit un observateur, était aussi brillante

qu'elle puisse l'être; pas un nuage ne voilait son disque ; en face d'elle, vers le nord-ouest, s'élevait un arc-en-ciel vaste, parfait dans toutes ses parties, sans solution de continuité, et visible d'un bout de l'horizon à l'autre. Sa couleur était blanche, ou grisâtre ; mais le bord occidental paraissait affecter des teintes d'un vert jaune et faible. Après quelque temps, des nuages obscurcirent la lune, et l'arc disparut.

Les comètes

Si toutes les personnes à qui s'adressent ces lignes n'ont pas vu de comètes, toutes au moins en ont entendu parler déjà ; mais qui sait ce que sont ces astres mystérieux ? qui peut dire le rôle qu'ils jouent à travers l'espace ? pourquoi leur course semble-t-elle s'écarter des lois naturelles qui président au mouvement des astres ? Voilà des questions auxquelles nul n'a pu répondre jusqu'à ce jour que par des hypothèses plus ou moins judicieuses et rationnelles.

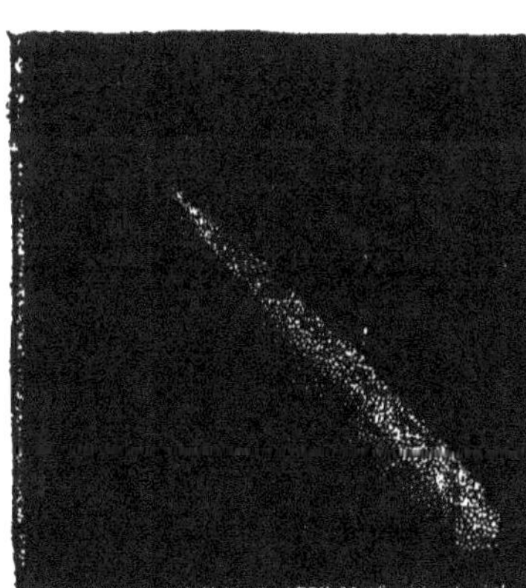

Une comète.

Les comètes, dont la substance est inconnue, se composent de trois parties, le noyau, la chevelure et la queue.

Le noyau est une sorte d'étoile, brillant d'un éclat plus vif que la chevelure et la queue ; la chevelure n'est qu'une sorte d'auréole dont l'éclat diminue suivant son éloignement du noyau ; enfin la queue est une sorte de traînée lumineuse, qui affecte des formes diverses : parfois c'est une longue ligne étroite, de même épaisseur ; parfois encore elle affecte une forme ovale ; enfin elle se développe en panache et en sortes de flammèches.

Quelques comètes sont dépourvues de chevelure et de queue et ressemblent à des nébuleuses, d'autres n'ont pas de chevelure et possèdent une queue, quelquefois ramifiée, d'autres enfin possèdent seulement une chevelure.

La substance dont se composent ces astres errants est transparente, et laisse apercevoir les étoiles placées derrière elles. Elle n'a pas, comme le gaz, la propriété réfringente, c'est-à-dire de briser les rayons lumineux, mais elle les réfléchit.

Quel est le nombre des comètes ? Il est infini, sans doute, comme les mondes. On évalue à deux cents environ les comètes différentes remarquées jusqu'à ce jour par les habitants de notre globe.

Le noyau de ces astres **varie, dit-on, entre cinquante et quinze mille kilomètres; la chevelure peut offrir un diamètre de deux millions de kilomètres ; enfin la queue s'étend parfois sur une longueur de deux cent** cinquante millions de **kilomètres.**

Plusieurs comètes **décrivent autour du soleil des orbites de peu d'étendue, et nous les apercevons à des** intervalles réguliers ou **relativement réguliers. D'autres accomplissent dans l'espace des révolutions telles** que des siècles, des milliers de **siècles peuvent séparer une apparition de l'autre. On appelle** *périodiques* celles dont les apparitions **sont fréquentes et ont pu** être contastées à des époques fixes ; or celles-ci sont rares, et l'on n'en connaît guère que sept ou huit, parmi lesquelles on cite surtout les comètes d'Enke, de Gambart, de Faye et de Halley.

Quel rôle jouent-elles dans les destinées universelles ? Peut-être sont-elles les traits d'union qui relient entre eux les systèmes planétaires ou les sy tèmes des mondes ; peut-être encore ont-elles pour mission de maintenir l'équilibre qui serait rompu sans leur présence à un moment donné.

Mais ce ne sont là que des hypothèses.

Étoiles filantes, aérolithes, bolides

Chacun a vu courir la nuit, dans l'espace, de longues lignes de feu semblables à des fusées, et qui paraissaient être des étoiles détachées du ciel.

Les unes ne font que traverser en un clin d'œil les hautes régions de l'athmosphère terrestre pour s'éteindre et poursuivre leur course à travers l'espace : d'autres éclatent comme un coup de canon à diverses hauteurs, pour retomber en petites masses sur le sol, d'autres enfin arrivent jusqu'à terre comme un éclair et produisent un bruit semblable au tonnerre.

Longtemps on a cherché à expliquer l'apparition de ces trois phénomènes. Quelques savants ont prétendu que c'étaient des fragments d'astres brisés rencontrés par la Terre dans son évolution autour du Soleil, d'autres que ce sont des pierres lancées par les volcans de la Lune hors de la sphère d'attraction de notre satellite et jusque dans celle de la Terre.

Mais si telle était la cause de ces phénomènes, aérolithes, bolides, étoiles filantes tomberaient tous sur notre globe, tandis que les étoiles filantes ne font que traverser notre atmosphère.

Il faut donc leur attribuer une autre raison d'être.

La science, de nos jours, prétend que ce sont des astéroïdes accomplissant leur révolution autour du soleil.

Cette supposition n'est pas tout à fait rationnelle.
Si ces petites masses se meuvent autour du soleil,
elles y accomplissent leur révolution dans un ordre

Étoiles filantes et chûte d'aérolithes.

parfait ; rien ne peut les faire dévier de leur course
sans nuire à l'équilibre rationnellement établi,
car il est difficile d'imaginer qu'elles aient pu voyager

dans l'espace jusqu'à ce jour sans s'être trouvées dans la sphère d'attraction d'une des grandes planètes, et que l'espace compris entre toutes ces grandes planètes et le Soleil ne soit pas libre aujourd'hui.

On suppose que ces petites masses sont formées de substances qui cherchent à travers l'infini de l'espace la substance assimilable qui leur convient. Cette hypothèse seule permet d'admettre que les étoiles filantes puissent traverser notre atmosphère sans être entraînées sur le sol par la puissance d'attraction de notre globe.

Pourquoi ces masses deviennent-elles lumineuses en traversant l'atmosphère ? Les notions les plus élémentaires de la physique nous l'apprennent.

Le frottement d'un corps contre un autre corps développe une certaine quantité de calorique, en raison de la vitesse du frottement. Les sauvages obtiennent du feu en frottant d'un mouvement rapide deux morceaux de bois sec l'un contre l'autre. Une lame d'acier frottée contre une pierre à fusil, le briquet, produit une étincelle, et cette étincelle n'est autre qu'une parcelle d'acier détachée du briquet ou d'une lame de couteau, et que le frottement a enflammée; le fer d'un cheval sur le pavé, même humide, produit le même effet, parce que le frottement a été d'une grande puissance.

Il en est de même pour les substances perdues dans l'espace, où elles se meuvent avec une extrême rapidité; en rencontrant les couches de notre atmosphère, qui sont une substance pouvant par le frottement développer du calorique, si le frottement est assez rapide ; elles s'enflamment et ressemblent à des étoiles qui vont se perdre et s'éteindre à l'horizon après avoir franchi les couches atmosphériques, ou tombent en globes de feu à quelque distance du sol où elles éclatent, ou arrivent jusqu'à terre avant d'être complétement éteintes.

Leur vitesse est telle qu'il leur suffit d'une seconde à peine pour traverser une couche d'air de seize lieues ou de soixante-quatre kilomètres d'épaisseur.

Les anciens attribuaient aux comètes et aux étoiles filantes une signification singulière. Ils y voyaient des présages d'événements heureux ou malheureux, suivant que les devins avaient intérêt sans doute à les expliquer de telle ou telle façon.

Nos campagnes ont encore conservé des idées superstitieuses à cet égard, comme à l'égard des feux follets.

Quand on voit filer une étoile, on dit que c'est une âme qui vient de quitter la terre. Or si l'on croit se rendre compte du nombre de personnes qui meurent chaque jour, on doit avouer que les étoiles filantes sont en retard, car il meurt plus de cent mille personnes par jour, c'est-à-dire un peu plus d'une par seconde. Si la superstition était dans le vrai, il ne serait pas possible de lever les yeux au ciel deux secondes au-dessus de notre hémisphère sans voir le phénomène se renouveler une ou deux fois.

A certaines époques de l'année, et surtout au mois de novembre, la mortalité serait effrayante, car les les étoiles filantes apparaissent par milliers. Ce sont des gerbes de fusées célestes sillonnant l'atmosphère terrestre en tous sens, brillant feu d'artifice offert par la nature elle-même à l'humanité.

C'est à la science que s'adressent les innombrables merveilles que la superstition a longtemps regardées avec épouvante : c'est aux hommes d'étude à rassurer les foules ignorantes sur l'œuvre admirable dont nous voyons se dérouler sous nos yeux le splendide et éternel panorama.

FIN.

TABLE DES MATIÈRES

—

FIN DE LA TABLE

382 — Abbeville. — Imp. Briez, C. Paillart et Retaux.

CATALOGUE

DE LA

LIBRAIRIE D'ÉDUCATION

Ancienne maison J. VERMOT et Cie.

Gérant : Amable RIGAUD, Éditeur

BIBLIOTHÈQUE DE LA SCIENCE PITTORESQUE

Série nouvelle

BEAUX ET FORTS VOLUMES IN-8

ILLUSTRÉS DE NOMBREUSES GRAVURES

Les mystères d'une bougie, par Henri Villain, (47 gravures).

Les Voyages d'une goutte d'eau, par J. Pizzetta, (47 gravures).

Ma maison, *Histoire familière de mon corps,* par W. Hugues, (48 gravures, par Jules Duvaux).

Les secrets de la plage, par J. Pizzetta, (83 gravures).

Histoire d'une feuille de papier, par J. Pizzetta, (36 gravures).

Histoire d'un morceau de charbon, par F. Hément, (52 gravures).

Les monstres invisibles, par Aristide Roger, (156 gravures)

Histoire d'un rayon de soleil, par F. Papillon, (70 gravures).

La vie d'un brin d'herbe, par Jules Macé, (161 gravures).

Le monde avant le déluge, par J. Pizzetta, (102 gravures).

L'étincelle électrique, son histoire, ses applications, par Paul Laurencin (97 gravures).

Les grands phénomènes de la nature, par H. Benoist, (42 gravures).

L'esprit des poissons, par H. de la Blanchère, (38 gravures).

La vapeur et ses merveilles, par E. Lockert, (75 gravures).

Les gloires de la France (chefs-d'œuvre de la gravure française), par LÉLIUS. — Un splendide volume d'un format un peu plus petit que le *Paradis perdu* de Milton, petit in-folio, illustré de CENT admirables Estampes d'après les tableaux des plus illustres maîtres de l'Ecole française, gravés au burin sur acier par nos premiers artistes, et de plus soixante-dix gravures sur bois intercalées dans le texte. Publié en 66 livraisons à un franc.

Les maîtres les arts du dessin (peintres — sculpteurs — arch..., par LÉLIUS. — Un magnifique volume petit in-folio, illustré de 25 admirables portraits gravés au burin sur acier et d'un frontispice d'après Paul Véronèse, avec titre rouge et noir, et publié en 3 livraisons à 1 franc.

La vie de N.-S. Jésus-Christ, ou les Saints évangiles expliqués d'après les Saints Pères, par l'ABBÉ BRISEPOT, *cinquième édition*, ornée de magnifiques gravures sur acier et enrichie d'une concorde latine. — Ayant acquis par échange un certain nombre d'exemplaires de ce superbe ouvrage, édité par Philippart, cela nous permet de l'offrir à un prix extraordinaire de bon marché. — 3 magnifiques volumes.

L'Evangile pour la jeunesse, par l'ABBÉ LENOIR. Un beau volume grand in-8, illustré de 24 gravures sur bois, d'après les dessins de Staal.

Splendides volumes grand in-8, imprimés sur papier jésus glacé et illustrés par les meilleurs artistes.

Les célébrités françaises, — rois et reines, — connétables,— ministres, — chanceliers, — magistrats-généraux, — savants, — religieux, — marins, — poètes, — écrivains, — prédicateurs, — philosophes, — musiciens, — sculpteurs, — peintres, par M. ALFRED DES ESSARTS. Un splendide volume très-grand in-8 jésus, imprimé avec luxe, illustré de superbes lithographies artistiques, par HADAMARD.

Voyage en Suisse, en Lombardie et en Piémont, par le Cte THÉOBALD WALSH. Un très-beau volume grand in-8 jésus, imprimé avec luxe sur beau papier glacé et illustré de superbes lithographies artistiques et teintées.

Les grands peintres, par M. ALFRED DES ESSARTS, auteur des *Célébrités françaises*. Un très-beau volume grand in-8 jésus, imprimé avec luxe sur beau papier glacé et illustré de superbes lithographies artistiques et teintées.

Tableau poétique des fêtes chrétiennes, par le Vte WALSH. Un splendide volume très-grand in-8, imprimé sur très-beau papier, par Simon Raçon, illustré de 2 magnifiques gravures sur acier tirées sur chine, titre noir et rouge.

COLLECTION DE VOLUMES GRAND IN-8

IMPRIMÉS SUR BEAU PAPIER GLACÉ

ILLUSTRÉS DE BELLES LITHOGRAPHIES A DEUX TEINTES

ET DE NOMBREUSES GRAVURES DANS LE TEXTE

Souvenirs d'une douairière, par madame la comtesse DE BASSANVILLE, ancienne élève de madame Campan. Un splendide volume illustré de gravures sur bois.

Vouloir c'est pouvoir, par mademoiselle CARPENTIER. Un magnifique volume illustré de 8 beaux portraits.

L'entrée dans le monde, ou *les Souvenirs de Germaine*, par madame la comtesse DE BASSANVILLE, ancienne élève de madame Campan. Beau volume illustré par HADAMARD.

Les anges d'Israël, par GABRIELLE SOUMET. Un beau volume illustré de belles lithographies à deux teintes.

Les confessions d'un écolier, recueillies et mises en ordre par ALEX. DE SAILLET, maître de pension. Illustré par VICTOR ADAM.

Les Martyrs, suivis de *l'Essai sur la littérature anglaise*, par CHATEAUBRIAND. Nouvelle édition revue. volume de 400 pages, illustré de belles lithographies à deux teintes.

Études historiques, Voyage en Amérique et Mélanges, par CHATEAUBRIAND. Nouvelle édition revue. volume de 400 pages, illustré de 8 belles lithographies à deux teintes.

Les soirées de mon oncle. Souvenirs de voyage, par MICHEL MORING, auteur de *l'Album du jeune voyageur*, du *Livre des animaux*, de *l'Histoire sainte*, etc., etc. Un volume in-8, illustré de lithographies à deux teintes par LASSALLE, et de nombreuses gravures sur bois dans le texte.

Le livre des animaux utiles, remarquables et célèbres, par MICHEL MORING, auteur de *l'Album du jeune voyageur*, des *Récréations historiques de l'Enfance*, etc., etc. Un volume, illustré de lithographies à deux teintes, par LASSALLE, et de nombreuses gravures dans le texte.

Une partie de campagne. Impressions de voyage de Paris à Suresnes, par M. STÉPHEN DE LA MADELAINE. Illustré de belles lithographies par VICTOR ADAM. 1 vol.

Elda de Kérénor, par madame TARBÉ DES SABLONS. Illustré de belles lithographies à deux teintes. vol.

La mer. — Naufrages modernes et autres événements, par DE BÉRARD. volume très-joliment illustré de gravures sur bois.

Combats, batailles. Victoires et conquêtes des Français sur terre et sur mer, depuis le commencement de la monarchie jusqu'à nos jours, avec récits et anecdotes, etc.; par A. BORDOT. volume illustré de belles lithographies à deux teintes.

Paul et Virginie, suivi de la *Chaumière indienne*, du *Voyage à l'Ile-de-France*, etc.; nouvelle édition revue et corrigée, illustrée par HADAMARD de belles vignettes dans le texte gravées par GUSMAN, et de belles lithographies à deux teintes.

Le génie du christianisme, par CHATEAUBRIAND. Nouvelle édition revue. volume de 400 pages, illustré de belles lithographies à deux teintes.

Itinéraire de Paris à Jérusalem, par CHATEAUBRIAND, nouvelle édition revue. volume de 400 pages, illustré de belles lithographies à deux teintes.

COLLECTION NOUVELLE
DEUXIÈME SÈRIE GRAND IN - 8 JÉSUS
JOLIS VOLUMES

ILLUSTRÉS DE NOMBREUSES GRAVURES SUR BOIS

Les heures bien employées, par madame LOUISE PRIOU, VICTORINE ROSTAND, C. DE RIBELLE, et divers auteurs du plus grand mérite.

Les matinées amusantes et instructives. Un beau volume grand in-8, par MM. DE LA BÉDOLLIÈRE, JULES ROSTAING, CH. DE RIDELLE, FERTIAULT, JADIN et mesdames DE BASSANVILLE, MIDY, etc.

Étude et plaisir, par JADIN, VICTORINE ROSTAING, LOUISE PRIOU, etc., etc. Un beau volume grand in-8, illustré de nombreuses gravures.

Les petits bonheurs. Un beau volume grand in-8. Histoires, contes, voyages, etc., etc., par CH. DE RIBELLE, CÉLINE D'ORNANS, MARIE O'KENNEDY, JADIN, etc., etc.

Les joies du foyer, Histoires, contes, légendes, etc. Un beau volume grand in 8; ouvrage illustré de nombreuses gravures sur bois, dédié à la jeunesse par MM. CHARLES D RIBELLE, JADIN, MARIE O'KENNEDY, VICTORINE RO STAND etc., etc.

Le livre instructif et amusant, offert à la jeunesse par MM. DE
LA BÉDOLLIÈRE, CH. DE RIBELLE, FERTIAULT, madame de
BASSANVILLE, etc., etc. Un beau volume grand in-8,
illustré.

Les plaisirs utiles Un beau volume grand in-8, ouvrage
aussi instructif qu'amusant, par CH. DE RIBELLE, JADIN, J.
ROSTAING, etc., et mesdames VICTORINE ROSTAND, CÉLINE
D'ORNANS, MARIE O'KENNEDY. Illustré de nombreuses
gravures.

Après l'étude. Contes et histoires pour la jeunesse. Ouvrage
nstructif, moral et amusant ; par JADIN, J. ROSTAING, CH.
DE RIBELLE, mesdames DE BASSANVILLE, VICTORINE ROS-
TAING, etc. vol. grand in-18.

Les récréations de la jeunesse. Ouvrage moral, instructif et
amusant, par MM. JADIN, FERTIAULT, CH. DE RIBELLE et
mesdames DE BASSANVILLE, VICTORINE ROSTAND, et J.-F.
FERTIAULT. volume grand in-8 illustré.

Les délassements des enfants studieux, par les auteurs les plus
aimés de la jeunesse. Un beau volume grand in-8, illustré
de nombreuses gravures sur bois.

Les veillées récréatives. Histoires, contes, légendes et nouvelles, par divers auteurs du plus grand mérite. Un volume
grand in-8, illustré.

Le livre des jeunes personnes vertueuses. Choix de bons
exemples publiés sous la direction de CH. DE RIBELLE. Un
beau volume format in-8 ordinaire, illustré de 8 dessins par
HADAMARD.

LES CENT RÉCITS NOUVEAUX

PAR M. LE COMTE DE TRAVANET

Le caissier Peters, 1 vol.
Les Sablonnières, 1 vol.
La Famille Muller, 1 vol.
La cale aux rats, 1 vol.
Un feuillet de la Bible, 1 vol.

Abbeville. — Imprimerie Briez, C. Paillart et Retaux.